总主编 褚君浩

"科学起跑线"丛书

探索AI新世界

Exploring
Artificial
Intelligence

王晓萍 朱东来 编著

上海教育出版社
SHANGHAI EDUCATIONAL PUBLISHING HOUSE

丛书编委会

主　　任：褚君浩

副主任：缪宏才　张文宏

总策划：刘　芳　张安庆

编　　委：（以姓氏笔画为序）

　　　　　王张华　王晓萍　公雯雯　龙　华　白宏伟　宁彦锋

　　　　　朱东来　庄晓明　孙时敏　李桂琴　李清奇　张　蕾

　　　　　张拥军　张晓云　周琛溢　茶文琼　袁　玲　高晶蓉

　　　　　鲁　婧　鲍若凡　戴雪玲

总序

科学就是力量，推动经济社会发展。

从小学习科学知识、掌握科学方法、培养科学精神，将主导青少年一生的发展。

生命、物质、能量、信息、天地、海洋、宇宙，大自然的奥秘绚丽多彩。

人类社会经历了从机械化、电气化、信息化到当代开始智能化的时代。

科学技术、社会经济在蓬勃发展，时代在向你召唤，你准备好了吗？

"科学起跑线"丛书将引领你在科技的海洋中遨游，去欣赏宇宙之壮美，去感悟自然之规律，去体验技术之强大，从而开发你的聪明才智，激发你的创新动力！

这里要强调的是，在成长的过程中，你不仅要得到金子、得到知识，还要拥有点石成金的手指以及金子般的心灵，也就是培养一种方法、一种精神。对青少年来说，要培养科技创新素养，我认为八个字非常重要——勤奋、好奇、渐进、远志。勤奋就是要刻苦踏实，好奇就是要热爱科学、寻根究底，渐进就是要循序渐进、积累创新，远志就是要树立远大的志向。总之，青少年要培育飞翔的潜能，而培育飞翔的潜能有一个秘诀，那就是练就健康体魄、汲取外界养料、凝聚驱动力量、修炼内在素质、融入时代潮流。

本丛书正是以培养青少年的科技创新素养为宗旨，涵盖了生命起源、物质世界、宇宙起源、人工智能应用、机器人、无人驾驶、智能制造、航海科学、宇宙科学、人类与传染病、生命与健康等丰富的内容。让读者通过透视日常生活所见、天地自然现象、前沿科学技术，掌握科学知识，

激发探究科学的兴趣，培育科学观念和科学精神，形成科学思维的习惯；从小认识到世界是物质的、物质是运动的、事物是发展的、运动和发展的规律是可以掌握的、掌握的规律是可以为人类服务的，以及人类将不断地从必然王国向自由王国发展，实现稳步的可持续发展。

本丛书在科普中育人，通过介绍现代科学技术知识和科学家故事等内容，传播科学精神、科学方法、科学思想；在展现科学发现与技术发明的成果的同时，展现这一过程中的曲折、争论；并通过提出一些问题和设置动手操作环节，激发读者的好奇心，培养他们的实践能力。本丛书在编写上，充分考虑青少年的认知特点与阅读需求，保证科学的学习梯度；在语言上，尽量简洁流畅，生动活泼，力求做到科学性、知识性、趣味性、教育性相统一。

本丛书既可作为中小学生课外科普读物，也可为相关学科教师提供教学素材，更可以为所有感兴趣的读者提供科普精神食粮。

"科学起跑线"丛书，带领你奔向科学的殿堂，奔向美好的未来！

褚君浩

中国科学院院士

2020 年 7 月

前言

大家都看过《西游记》吧？孙悟空拔一根汗毛，吹一口气，就能变出成千上万只小猴子，替他跑腿、倒茶、打妖怪。你是不是也想像孙悟空那样，随时就能召唤出一个助手，帮你完成某项任务呢？这个梦想没准马上就能实现！随着人工智能技术的不断发展，未来的家务活很可能就由智慧家务机器人代劳，开车上路也不必操心了，自动驾驶汽车可以把你直接送到目的地。

除了三头六臂、七十二变、筋斗云等高超武艺，孙悟空还在太上老君的炼丹炉里练就了一双火眼金睛，无论妖魔鬼怪如何变化，他都能一眼识破他们的真身。现实生活中也有这样的事情吗？还真有，只不过识别的不是妖魔鬼怪，而是陌生人的身份。现在很多火车站的安检口都安装了这样的微卡口人脸识别设备，你只要刷一下脸，它立刻就能认出你是谁，这里的人脸识别用的也是人工智能技术。

2017年，一档大型科学挑战类节目《机智过人》备受观众好评。节目中展现了人工智能技术在现代生活中方方面面的应用：资深影像科医生与阅片机器人同台竞技，机械臂投手和职业篮球运动员比赛投篮，智能烹饪灶与专业大厨比赛炖蛋羹、煎牛排，资深刑侦专家与人脸识别系统打擂台，智能出题系统与特级教师一起出题考大家眼力……看完节目，大家一定会觉得好奇：人工智能是怎么做到的？它是怎么发展起来的？将来又会为我们的生活带来什么样的变化？

让我们先从工业革命讲起吧。人类在地球上生活了几十万年，但真正有历史记载的不过几千年。在此期间，人类一直依赖于传统的手工业生产方式，即便出现了水力纺车等工具，但生产力的发展还是比较缓慢，直到200多年前工业革命的兴起，人类才由"从前书信很慢，车马很远"

过渡到了节奏越来越快的现代生活。

第一次工业革命起源于18世纪60年代的英国，蒸汽机的大规模使用推动了从工场手工业到机器大工业的过渡，通过用机器取代人力，带动生产力的快速发展，英国的经济开始腾飞，国力也日益变强。第二次工业革命是在19世纪下半叶至20世纪初，电气的使用推动了工业发展，大量新的生产技术投入应用，美国在工业生产上的领先使其发展成世界经济强国。第三次工业革命从20世纪下半叶开始，生物科技和信息技术的应用促成了新的产业革命。特别是21世纪以来，随着计算机处理能力的不断提高以及人工智能技术的飞速发展，工业生产及社会发展进入智能化时代，为中国的经济腾飞带来新的机遇，这是200年来中国再次登上世界舞台中央的重要机会。

在这样的历史大背景下，2017年，国务院印发了《新一代人工智能发展规划》，指出："人工智能的迅速发展将深刻改变人类社会生活、改变世界；……人工智能成为国际竞争的新焦点，成为经济发展的新引擎，带来社会建设的新机遇，人工智能发展的不确定性带来新挑战；支持开展形式多样的人工智能科普活动……全面提高全社会对人工智能的整体认知和应用水平。"2018年，中央经济工作会议上明确了5G、人工智能、工业互联网等"新型基础设施建设"的定位。2020年3月，中央再次强调要加快5G网络、大数据中心、特高压、人工智能、工业互联网、新能源汽车充电桩、城际高速铁路和城际轨道交通七大领域的新型基础设施建设。

为了让大家更直观地理解、感受人工智能的强大和美妙之处，本书将从人工智能的缘起和发展历史讲起，深入浅出地讲解支撑人工智能的多项关键技术，再从人工智能的应用场景入手，介绍日常生活中常见的人工智能应用及世界各国关于人工智能教育的发展计划，最后通过Micro:bit图形化编程的动手实验，让大家亲身体验人工智能应用，初步了解人工智能的原理和编程方法。

本书在编写时参考了多种中外史料及论著，限于篇幅和体裁，未能在书中一一注出，谨向这些作者与出版者表示衷心的感谢。

王晓萍

2020年7月

目录

一、AI 的成长史 ...1
　　猜猜它是谁 ...2
　　它从哪里来 ...6
　　AI 发展大事记 ...18

二、AI 的十八般武艺 ...27
　　为了变得更聪明 ...28
　　知识表示方法 ...31
　　知识图谱 ...37
　　计算智能 ...43
　　专家系统 ...52
　　机器学习 ...55
　　自动规划 ...59
　　自然语言处理 ...62

三、看 AI 七十二变   ...67

    智慧酒店   ...68

    智慧机场   ...70

    智慧医疗   ...74

    智慧养老   ...78

    智慧物流   ...81

    智慧农业   ...87

    智慧生产   ...92

    机器人   ...97

    VR 与 AR   ...102

四、加速奔向未来   ...107

    AI 教育红遍全球   ...108

    关于 AI 学习路线的建议   ...110

    从 Micro:bit 开始了解 AI   ...113

    致谢   ...122

AI 的成长史

1

猜猜它是谁

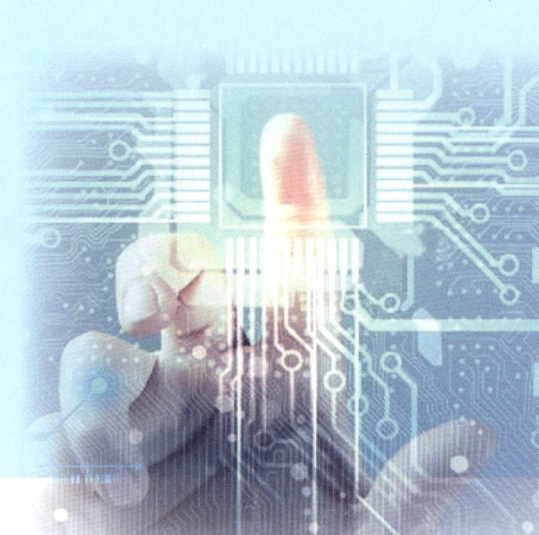

你将了解：

什么是人工智能

人工智能与人类智能的关系

人工智能与人类的关系

大家好！我叫小艾，来自AI家族。对于我们的到来，有些人充满期待，有些人则感到担忧。人类和AI，到底谁更聪明呢？别着急，且听我慢慢道来。

近年来，我们越来越多地听到"AI"这个词，它和我们日常生活的关系也越来越密切。那么，AI是什么？它是怎么来的？它最终会取代人类吗？下面，就让我们一起来了解一下。

什么是人工智能

AI是Artificial Intelligence的缩写，也就是我们常说的人工智能。第一个单词artificial，意思是"人工的，人造的"，即通过人类活动创造出来的。这么说也许有点抽象。大家听说过浙江省的著名景点千岛湖吗？它并不是天然形成的，而是1960年为建新安江水电站拦蓄新安江上游而成的人工湖（artificial lake）。相比之下，我们所熟知的杭州西湖则是一座天然湖泊，哪怕古人曾为它修建过著名的苏堤、白堤，但它的确是千年来自然界的溪流河水流淌到低洼地带后天然形成的。类似的还有京杭大运河，它是

一、AI 的成长史

世界上里程最长、工程最大的古代运河，也是最古老的运河之一，从开凿至今已有 2500 多年的历史，但它仍属于人工运河，和长江、黄河这样的天然河流是不一样的。

第二个单词 intelligence，意思是"智能"。"智能"在汉语里由两个字组成："智"代表认知，就是"认识这个事物，知道这件事情"，《现代汉语词典》里解释为"聪明，见识"；"能"代表行动或活动，《现代汉语词典》里解释为"才干，本事"。"智""能"合在一起，就是智力和能力的总和——"知道并且能够完成某事"。

科学家们为人工智能下过各种定义：费根鲍姆（Feigenbaum）认为，如果我们能够研制一个人造物，使它具有总结、模仿、选择、理解和感觉的能力，就可以认为该人造物具有智能；麦卡锡（McCarthy）认为，人工智能就是要让机器的行为看起来就像人所表现出的智能行为一样；西蒙（Simon）认为，人工智能是让计算机学习并模仿人类机智地处理日常工作的行为；温斯顿（Winston）则认为，人工智能就是研究如何使计算机能去做过去必须要依赖人的智慧才能做的工作。迄今为止，人工智能还没有一个公认的定义。这主要是因为科学家们首先对"什么是智能"并没有达成共识，我们可以列举出若干行为或表现是"智能的"，但无法精确定义到底什么是"智能"。

不过，大家普遍认同的是，人工智能是相对于人类智能（human intelligence）或生物智能（biological intelligence）而言的，所以我们可以把"人工智能"简单地理解为人类试图用计算机来模拟人类或其他动物的智慧，从而代替人类或动物从事和完成某些工作。

千岛湖，位于浙江省杭州市淳安县境内，原名新安江水库，是我国最大的人工湖。

探索 AI 新世界

人工智能会取代人类吗

那么人类又都有哪些智能呢？大家思考过这个问题吗？首先，我们有五官，可以听（耳）、看（眼）、说（口）、闻（鼻）、尝（舌头）。其次，我们有五种基本感觉——视觉、听觉、嗅觉、味觉和触觉。现在计算机能够实现听觉（语音识别）、视觉（计算机视觉）以及说话（扬声器，俗称喇叭），还可以模仿人类的四肢——用手拿东西或用脚走路，但暂时不能像人类一样闻出不同的气味，尝出各种食物的味道，也无法像人类那样感受到各种细微的触觉。目前，人工智能已经可以代替人类下棋（还能赢过人类顶尖高手）、搬运东西、打扫卫生，也能代替人类从事很多简单的重复劳动，比如工厂流水线上的焊接、上螺丝及喷漆等工作。

机器人下棋

机器人学习品尝不同的香料

人工智能意味着生物（人类、动物）的自然智能在计算机上得到了实现。但是生物拥有在这个世界上进化了几亿年的智能，而且机器和身体、计算机和大脑也不一样，因此自然智能并不可能直接被人工智能取代。

目前已经实现的大部分人工智能属于问题特定型智能，即每种人工智能都只能解决某些特定的问题。比如：下棋的机器人只会下棋，下得过围棋九段柯洁的 AlphaGo 完全不会烧菜，连煮方便面都不会；烹饪机器人则只会烧一些指定的菜式，别指望它能踢球；通过分析医学影像资料诊断疾病的机器人也只能完成这项任务，而不知道怎么弹钢琴。那么人类呢？我们可以轻松找到一个既会下棋又会烧菜，没准还会踢球、开车、画画、弹钢琴的医生。如果把这些人工智能都集结在一起，能不能形成一个像人类一样的机器人呢？还是做不到，这正是人工智能的难点。问题特定型人工智能所能解决的问题，只占全部智能的一小部分。人工智能的创始人之一明斯基博士（Minsky）也曾多次提出"人工智能尚未被完全开发"。

明斯基：人工智能领域首位图灵奖得主

明斯基（1927—2016）

1927年，马文·明斯基出生于美国纽约。他在哈佛大学主修数学，同时选修了电气工程、遗传学、心理学等学科的课程，广泛的学科涉猎为他向人工智能研究发起挑战打下了坚实的基础。

大学期间，明斯基对人类智能和思想的奥秘痴迷不已。大四那年，明斯基与同学埃德蒙一起设计并建构了世界上第一台神经网络计算机SNARC。1954年，他在普林斯顿大学获得数学博士学位，博士论文题目为《神经网络和脑模型问题》。在《纽约时报》的一次采访中，他谈及了这一选择："智能问题看起来深不见底，我想这是值得我奉献一生的领域。"

从1958年起，明斯基在麻省理工学院任教，并与麦卡锡共同创建了世界上第一个人工智能实验室（MIT AI Lab）。在这个实验室里，明斯基不仅致力于向机器"传授"人类的感知与智能，还寻求人工智能技术和实用机器人的结合。世界上最早的几款光学扫描仪、带有扫描仪和触觉传感器的14度自由机械手、世界上最早能够模拟人类活动的机器人Robot C……他的这些发明成果对现代的机器人学产生了深远的影响，使机器人技术迈上了新台阶。

明斯基对计算机图形研究的兴趣也颇为浓厚。1963年，他发明了首款头戴式图形显示器，这种模式在今天的头戴式虚拟现实显示器中得以继续应用。明斯基在当时率先提出了"远程呈现"（telepresence）的概念，通过微型摄像机和运动传感器等设备让人类"体验而不真实介入"，成为虚拟现实的先驱。除此之外，明斯基还奠定了人工神经网络的研究基础。1969年，明斯基获得了计算机界的最高奖项图灵奖，成为第一位获此殊荣的人工智能学者。

凭借广泛的跨学科背景，明斯基的科研成果横跨众多领域。除了人工智能外，他还为显微镜技术的发展作出了贡献——在1956年发明制作了第一台共聚焦扫描显微镜，这种光学仪器拥有极好的分辨率和影像质量，至今仍在生物科学领域被广泛采用。

对明斯基的学生来说，明斯基的传奇之处在于他永无止境的好奇心。他教学生如何思考，并总是激励他们质疑现状。

它从哪里来

你将了解：

图灵测试的目的及意义

人工智能的缘起——达特茅斯会议

人工智能的先驱科学家代表

一个无法通过的测试

提到人工智能，就得从计算机先驱艾伦·图灵（Alan Turing）说起。图灵在 1950 年提出了一个关于机器是否能够思考的测试（后来被称为"图灵测试"）：询问者看不到回答问题的到底是人还是机器，只能通过键盘或其他装置向对方提问；经过多次问答后，如果超过 30% 的询问者不能确定回答者是人还是机器，那么这台机器就通过了测试，并被认为具有人工智能。

乍一看，凭借现代计算机强大的计算能力，加上后台拥有海量数据的数据库及搜索引擎，通过这个测试似乎并不难。但实际上，要让机器可以像人类一样回答问题，关键是不被识破，仍有很多挑战。

比如，在测试过程中可能会出现下面这样的场景：

问：今天几号？

答：现在是 2020 年 7 月 29 日星期三。

问：今天几号？

答：现在是 2020 年 7 月 29 日星期三。

问：今天几号？

答：现在是 2020 年 7 月 29 日星期三。

这时你肯定能猜到，对面的这位多半是机器，因为它的回答虽然正确，但始终没有变化。而如果当你提出同样的问题，得到下面这样的答复：

问：今天几号？

答：29 号。

问：今天几号？

答：29 号啊。

问：今天几号？

答：29 号，我已经说三次了！

那么，你多半能推测出与你对话的是人，因为当你重复提问的时候，他明显表现出了不耐烦的情绪。在实际测试时，机器还有可能遇到比上面更复杂的场景。比如，测试者可能会故意挖坑，问机器："《新华字典》第 206 页第一个字是什么？"如果对方真能回答，那么测试者就会断定这是机器作出的回答。由于图灵测试在提出时并没有规定问题的范围和提问的标准，因此在设计机器时，必须让它既能理解人类提出的问题，准备好数量庞大的合乎常理的回答，又能注意回避可能出现的坑，而这并不是一件简单的事情。

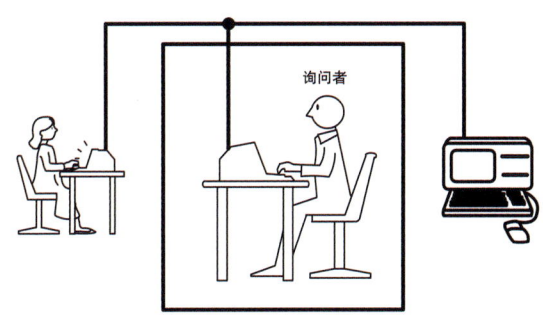

图灵测试示意图

如果一台计算机在经过 5 分钟的测试后，超过 70% 的回答没有被识别出是机器的回答，我们就可以认为它具有一定的智能。图灵曾经预测到 2000 年将有计算机能够通过这个测试，但事实上人工智能的发展比他预测的要慢很多。迄今为止，我们还不能认为有机器真正通过了这个测试。

群星闪耀的达特茅斯会议

世界上公认的人工智能的起源，要从 1956 年在美国达特茅斯学院举办的达特茅斯会议开始算起。"人工智能"一词就是在这个会议上首次被提出来的，当然，关于人工智能的研究在那之前早已开始。这一年夏天，美国新罕布什尔州汉诺威的达特茅斯学院群星闪耀，一批大师级人物聚在一起共同研究探讨，目标是"精确、全面地描述人类的学习和其他智能，并制造机器来模拟"。

当时，年仅 29 岁的约翰·麦卡锡正在达特茅斯学院任教，他说服了香农（Shannon）和明斯基共同组织一个为期两个月的研讨会。香农当时是贝尔实验室的一位数学家，在交换机理论和统计信息理论方面很有名。明斯基则是哈佛一位研究数学和神经学的年轻学者。为什么研究如何使

探索 AI 新世界

达特茅斯学院

机器像人一样处理问题需要这么多不同学科、不同领域的科学家参与呢？因为早期关于人工智能的研究并没有确定的方法和方向，大家都在摸着石头过河，寻找可行的解决办法，对此感兴趣的科学家纷纷从自己的专业领域来探索人工智能的可能性。由于当时刚刚发明不久的电子计算机可以像人脑一样存储数据，在预定程序的控制下自动进行逻辑推理和数字计算，因此计算机专家便成为研究人工智能的主力军。神经学家、心理学家、逻辑学家和脑科学专家们对人脑思考功能的研究经验较丰富，自然也成为研究人工智能的中坚力量。而所有的科学问题最终都将归结为数学问题，所以数学家的参与也是必不可少的。为了筹集经费，麦卡锡写了一份项目计划书，项目名称是"人工智能的夏季研究"，这是历史上第一次把用机器模仿人脑的研究工作命名为人工智能，也是历史上第一次开展人工智能专题研究。

在计划书中，麦卡锡写道："我们打算在 1956 年暑假两个月内，在新罕布什尔州汉诺威的达特茅斯学院开展一次由 10 个人组成的人工智能研究。研究内容将包括所有在知识学习方面的基本推测和本质上能描述使机器模仿人类其他智能方面的特征，试图找到任何让机器使用语言、具有抽象能力和掌握概念的方法，解决现在只有人类才可以处理的问题，让机器具有智能。我们认为：如果仔细选择一组科学家就这些问题一起工作一个夏天，那么对其中的一个或多个问题就能够取得意义重大的进展。"

最终，洛克菲勒基金会提供了会议赞助。

达特茅斯会议一共有10个参加者，包括麦卡锡（达特茅斯学院）、明斯基（哈佛大学）、香农（麻省理工学院）、所罗门诺夫（Ray Solomonoff，麻省理工学院）、纽厄尔（Allen Newell，卡内基梅隆大学）、西蒙（卡内基梅隆大学）、塞缪尔（Arthur Samuel，IBM公司）、塞尔弗里奇（Oliver Selfridge，麻省理工学院）、罗切斯特（Nathaniel Rochester，IBM公司）以及莫尔（Trenchard More，普林斯顿大学）。

> 洛克菲勒基金会成立于1913年，旨在"提高全世界人类的福利"。基金会认为，要达到这个目的，需要了解造成社会问题的原因并解决，最好通过科学的慈善事业进行。

麦卡锡：LISP语言的发明者

麦卡锡1927年出生于美国波士顿。他从小喜欢数学，高中时就开始自学大学一、二年级的微积分数学，被加州理工学院数学系录取后直接进入大学三年级学习。1948年大学毕业后，他进入普林斯顿学习，并于1951年获得数学博士学位。在本科和研究生期间，他受冯·诺依曼（John von Neumann）的影响，对在

麦卡锡（1927—2011）

计算机上模拟智能产生了兴趣。麦卡锡发明的LISP语言，是现今第二悠久且仍广泛使用的高级编程语言，目前使用最广泛的人工智能语言Python也吸取了LISP的设计思想。1971年，麦卡锡获得了计算机界的最高奖项图灵奖。

> 麦卡锡组织人工智能夏季研讨会时才29岁，但他"初生牛犊不怕虎"，敢想敢干，积极邀请不同领域的专家来达特茅斯开展研究，还四处寻找经费赞助会议，最终促成了会议的成功，拉开了人工智能研究的序幕。很多时候，要想获得更大的成功，不能只是一个人学习和努力，而要学会与别人合作，通过大家一起讨论，进行思想上的碰撞，这样才能不断扩大、超越自己的认知。

⏳ 想一想

青年时期是最富有想象力、创造力的，一定要勤奋。以史上诺贝尔物理学奖获得者为例，在青年阶段（尤其是博士研究生期间的工作累积）所获得的研究成果占较大的比例。其实，伟大的人都是相似的。从明斯基和麦卡锡身上，你发现了哪些共同点？

探索 AI 新世界

香农：信息论及数字通信时代的奠基人

香农（1916—2001）

香农 1916 年出生于美国密歇根州的一个小镇。中学时期，香农对机械和电气电子表现出了极大的兴趣，他最优秀的学科就是科学和数学。有意思的是，他从小就崇拜大发明家托马斯·爱迪生，后来才知道自己是爱迪生的远房亲戚。

1932 年，香农进入密歇根大学学习，在一门课程中接触到了乔治·布尔（乔治·布尔于 1854 年出版《思维规律的研究》，提出布尔代数的概念，由于他在符号逻辑运算中的特殊贡献，很多计算机语言中将逻辑运算称为布尔运算，即"真假与或运算"，将运算结果称为布尔值）的理论。1936 年大学毕业时，香农获得了电子工程和数学两个学士学位。

不久，香农进入麻省理工学院开始研究生学习，并参与了著名科学家、工程师万尼瓦尔·布什的微分分析机（Differential Analyzer）的相关工作。微分分析机是世界上首台模拟电子计算机，是现代计算机的鼻祖。香农的硕士论文是《继电器与开关电路的符号分析》，他注意到电话交换电路的开和关与布尔代数中的真（1）和假（0）有对应关系，便用布尔代数分析并优化开关电路，从而奠定了数字电路的理论基础。

1940 年博士毕业后，香农来到普林斯顿工作，认识了冯·诺依曼。香农当时正在研究度量信息的概念，用来衡量信息的不确定性，冯·诺依曼建议取名为"熵"（entropy）。1948 年，香农发表了著名的论文《通信的数学原理》，1949 年又发表了一篇《噪声下的通信》，在这两篇论文中，香农阐明了通信的基本问题，给出了通信系统的模型，提出了信息量的数学表达式，并解决了信道容量、信源统计特性、信源编码、信道编码等一系列基本技术问题。这两篇论文堪称信息论的奠基性著作。

香农一生有两大贡献：一是信息理论、信息熵的概念，二是符号逻辑和开关理论。

我们现在衡量信息量大小的单位——比特（bit）就是由 32 岁的香农在论文里提出的，一个比特代表一个数位信息（0 或 1），一个字节（byte）通常是 8 位比特。1K（KB）就是 1024（2 的 10 次方）个字节，1 兆（MB）则是 1024×1024（2 的 20 次方）个字节，1GB 就是 1024×1024×1024（2 的 30 次方）个字节。

香农提出的信息量概念，让我们对信息有了一个类似身高多少厘米、体重多少千克的衡量概念。比如，一张数码照片占据的存储空间可能是 4MB，家用光纤的网络带宽可能是 100MB，如果下载速度为每秒 100MB，那么理论上每秒可以下载 25 张照片。就这样，信息由看不见摸不着的东西转变为可以量化计算的内容。

除了前面提到的明斯基、麦卡锡与香农，会议发起人还有罗切斯特，当时他负责设计研发 IBM 701 计算机。其他 6 位与会人中，塞缪尔开发了跳棋程序，塞尔弗里奇和所罗门诺夫对自动感应系统兴趣浓厚，纽厄尔及西蒙对符号逻辑推理有着很深的研究，他们俩是人工智能起步阶段符号学派的代表人，莫尔在 IBM 沃森研究中心（就是后来研究出沃森机器人的那个机构）工作。

西蒙：20 世纪科学界的通才

西蒙（1916—2001）

西蒙是一个令人敬佩而惊叹的学者，具有传奇般的经历。他多才多艺，兴趣广泛，会画画，会弹钢琴，既爱爬山、旅行，又能流利地说多种外语。

西蒙 1916 年出生于美国威斯康星州的一个犹太人家庭，他父亲是由德国移民美国的电气工程师，母亲是一位钢琴教师。在芝加哥大学读书期间，西蒙学习了大量的经济学和政治学方面的基础知识，并熟练地掌握了高等数学、符号逻辑和数理统计等重要技能。1943 年，他获得政治学博士学位，并在随后的 30 多年里，先后在加利福尼亚大学、耶鲁大学等知名大学拿下了哲学、科学、法学、经济学等 9 个博士头衔。1978 年，他获得诺贝尔经济学奖。

1957 年，西蒙与学生纽厄尔合作开发了 IPL 语言（Information Processing Language）。这是人工智能历史上最早的一种 AI 程序设计语言，其基本元素是符号，并首次引进表处理方法。1958 年，西蒙荣获美国心理学会杰出贡献奖。1972 年 7 月，西蒙作为美国计算机科学家代表团成员之一第一次到中国访问，之后又 9 次来华访问，并给自己取了一个中文名字——"司马贺"。1994 年，西蒙当选中国科学院外籍院士。

西蒙不仅在众多领域取得了惊人的成就，对人工智能的发展也作出了巨大贡献。西蒙和纽厄尔给"物理符号系统"下了定义，提出了"物理符号系统假说"（PSSH, Physical Symbol System Hypothesis），成为人工智能中影响最大的符号主义学派的创始人和代表人，这一学说鼓励着人们对人工智能进行伟大的探索。1975 年，西蒙和纽厄尔一起因人工智能方面的杰出贡献而被授予图灵奖。

探索 AI 新世界

 想一想

西蒙真是博学多才的经典代表,为什么他能在经济学、心理学、计算机科学等领域都取得如此惊人的成就呢?也许,只有不为自己设定边界、对求知和探索永远保持热情的人,才能不断地突破自己吧。

西蒙、纽厄尔和第一届图灵奖得主艾伦·佩利(Alan Perlis)一起创立了卡内基梅隆大学(Carnegie Mellon University,简称CMU)的计算机系,卡内基梅隆大学从此成为计算机科学和人工智能的重要基地。在华人学者中,活跃于谷歌、微软、百度等公司的李开复、陆奇、沈向洋和洪小文,都毕业于卡内基梅隆大学的计算机系。作为ALGOL语言的核心设计者,佩利曾说过这样一句话:"Any noun can be verbed.(任何名词都可以变为动词。)"他的意思是说,任何远大的目标和志向,都可以通过不懈的努力来实现。

以上这些科学家为现代人工智能奠定了基础,都可以被称为人工智能之父。此外,还有两位卓越的科学家——图灵和冯·诺依曼,为现代计算机的发展奠定了理论基础,其中图灵还较早地提出了人工智能可能的应用场景和评判标准,从而间接地支持了人工智能的落地和发展。

> 新版50英镑纸币的设计包含以下元素:
> 图灵1951年的一张照片,现藏于英国国家肖像馆。
> 图灵1936年发表的论文《论可计算数及其在判定问题中的应用》中的一个数学公式和表格。
> 图灵设计的自动计算引擎(ACE)试点机。
> 图灵用来破解德军密码的British Bombe机的工程设计图。
> 图灵1949年接受《泰晤士报》采访时说过的一句话:"这不过是将来之事的前奏,也是将来之事的影子。"
> 图灵1947年在布莱切利公园("二战"期间的密码破译中心)来访本上的签名。
> 用二进制代码表示图灵生日(1912年6月23日)的纸带。

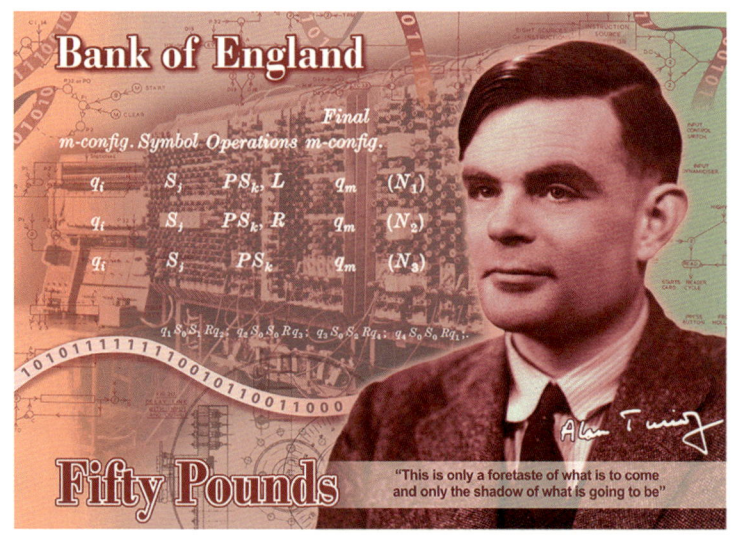

2019年7月15日,英国央行宣布,英国著名数学家、计算机科学和人工智能之父、密码破译专家艾伦·图灵将成为新版50英镑纸币背面的肖像。

图灵和图灵机

图灵出生于英国伦敦，他在很小的时候就表现出过人之处。他喜欢阅读，对数字和智力游戏尤其着迷。小学阶段，登山并绘制地图以及做化学实验是图灵的两大爱好。上中学时，图灵展现出他的数学天分，自己把书里的所有数学定理重新推导了一遍。1931 年，图灵以优异的成绩赢得了剑桥大学国王学院的数学奖学金。毕业后不久，23 岁的图灵以一篇关于高斯误差函数的论文当选剑桥大学国王学院的研究员。1937 年，图灵发表重要论文《论可计算数及其在判定问题中的应用》(On Computable Numbers, with an Application to the Entscheidungsproblem)，在这篇论文里，图灵创造了一种假想的机器——图灵机 (Turing Machine)，图灵机后来成为现代电子计算机的理论基础。

> 大家在学数学定理的时候，有没有想过定理是怎么来的呢？很多人都只满足于理解和应用，殊不知更高的目标应该是追求"知其然更要知其所以然"。图灵就是这样做的。

1950 年，图灵发表了题为《计算机与智能》的文章，引入图灵测试，并提出一个新颖的观点："为什么要尝试开发模拟成人头脑的程序，而不是模仿小孩头脑的程序？"他认为可以将小孩的好奇心赋予机器，并通过"教育"让机器的智能进化（这个观点，就是现在人工智能领域流行的机器学习理念）。文章的最后，图灵写道："We can only see a short distance ahead, but we can see plenty there that needs to be done.（我们只能看到不远的前方，但是我们可以看到还有大量的工作需要去做。）"

图灵（1912—1954）

图灵机又称确定性状态机，是一种抽象计算模型，它把人们用纸笔进行数学运算的过程进行抽象，并通过一个虚拟机器来代替人类进行数学运算。在他的假想中，这台机器有一根无限长的纸带，这根纸带被分为很多方格，每个方格存在一定的信息。机器启动后，纸带向前移动，机器可以读写方格的信息，也可以来回移动纸带。机器每次读入一

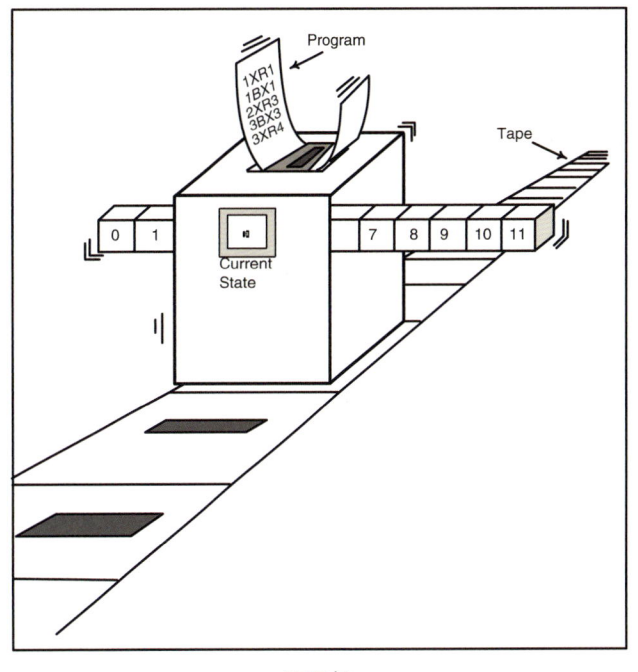

图灵机

探索 AI 新世界

个方格的信息，然后根据方格的信息和自己当前的状态信息，查找预设的程序表，把程序表中与方格和状态信息对应的值作为结果输出，输出结果会修改纸带方格中的信息和机器的状态信息，修改后移动一个方格。这么说可能有点抽象，我们来举个例子。比如，在计算 1+1 的时候，我们该怎么做呢？

> 先用笔在纸上写 1（完成第一次输出，向右移动一格，大脑判断开始输入加法算式的第一个运算数字）；
>
> 继续用笔在纸上写 +（完成第二次输出，向右移动一格，大脑判断第一个运算数字已经全部输入完成，就是 1，准备做加法）；
>
> 继续用笔在纸上写 1（完成第三次输出，向右移动一格，大脑判断开始输入加法算式的第二个运算数字）；
>
> 继续用笔在纸上写 =（完成第四次输出，向右移动一格，大脑判断加法算式输入完成，现在需要根据加法规则计算结果）；
>
> 继续用笔在纸上写 2（完成第五次输出，根据前面的规则计算出答案为 2 并写在纸上）。

图灵机能做的数学计算肯定比 1+1=2 复杂得多，但情况是类似的，即纸带的方格记录了可以被读写的信息，机器内部保存了当前的状态（比如，从输入运算数字切换为加法状态），机器有固定的程序表（比如，加法规则就是把前后两个数字加起来），机器能输出信息（根据机器内部的状态和程序，对读入的信息进行运算并把结果输出到纸带上）。

现代计算机的逻辑原型就是源于图灵机的设想，包括输入信息集合、机器状态集合、程序集合及输出信息集合。

 想一想

图灵不仅喜欢阅读和数学，还非常热衷于跑步，差点入选 1948 年英国伦敦奥运会的马拉松比赛。运动既强壮了他的体魄，也加强了他的思考力，让他始终保持着旺盛的求知欲。

其实，除了图灵之外，历史上许多著名的科学家都将体育锻炼当作一种缓解科研工作压力的方法。比如：爱因斯坦最喜欢的锻炼方式是健步走，他每天要走上 5 公里，往返于住所和普林斯顿大学之间；居里夫人喜欢骑自行车，曾每周骑行约 12 公里；霍金曾是牛津大学赛艇队的一员，每周要训练 6 天。看到这儿，我们是不是也该起来动动了呢？

现代计算机之父：冯·诺依曼

冯·诺依曼 1903 年出生于匈牙利布达佩斯，是 20 世纪最重要的数学家之一，在现代计算机、博弈论、核武器和生化武器等领域都有重要贡献，被后人称为"现代计算机之父""博弈论之父"。

冯·诺依曼从小就显示出数学方面的天才，而且过目不忘，他 6 岁时能心算八位数除法，8 岁时掌握了微积分，10 岁时花费数月读完了一部 48 卷的世界史，12 岁就领会了波莱尔的大作《函数论》的要义。从孩提时代起，冯·诺依曼就跟随家庭教师学习法语、德语、英语和意大利语，同时跟着他父亲学习拉丁语和希腊语，自幼养成的强大的外语能力对他成年后在世界各地的生活和学术交流有很大的帮助。

冯·诺依曼（1903—1957）

大学时期，冯·诺依曼进入瑞士苏黎世联邦工业大学学习化学工程，同时注册成为匈牙利布达佩斯大学数学系的学生，每学期末回到布达佩斯参加考试，后来凭借优秀的论文拿到数学博士学位。

"二战"期间，他不仅参与了美国研制原子弹（"曼哈顿计划"）的工作，也参与了世界上第一台电子计算机 ENIAC 的研制。

第一代 ENIAC 以图灵机为原型，处理数据的程序代码体现为多组插板上的跳线，类似图灵机中的状态迁移图。为了执行某项工作，通常需要好几个人仔细插拔和检查跳线，工作一周左右才能完成这个程序；而一旦程序需要改变，所有的工作都得重来一遍，哪怕这次的程序和以前某次的程序相同，也需要从头插拔跳线。

世界上第一台通用计算机"ENIAC"于 1946 年 2 月 14 日在美国宾夕法尼亚大学诞生

探索 AI 新世界

冯·诺依曼意识到这种工作方法非常低效，便提出了"存储程序型"计算机的设想。这种计算机中的程序和数据一样可以被存储起来，当要执行某项工作时，只需将对应的程序和数据同时从外部存储器加载到内存中，程序通过控制器操作运算器来对输入信息和数据进行计算，进而产生输出信息。冯·诺依曼架构的特点是非常简洁，可存储的程序不仅大大节省了操作的时间，还降低了操作出错的可能。

在他的领导下，研制小组发布了一个"存储程序通用电子计算机方案"（EDVAC）。1945年，冯·诺依曼以《关于EDVAC的报告草案》为题，起草了长达101页的总结报告，具体介绍了制作电子计算机和设计程序的新思想，这是计算机发展史上划时代的文献。1946年6月，他进一步发布了《电子计算机逻辑设计初探》。这两篇论文奠定了现代计算机体系结构的基础，直到今天，我们设计的所有计算机仍然遵循着这种被称为"冯·诺依曼体系结构"的架构。

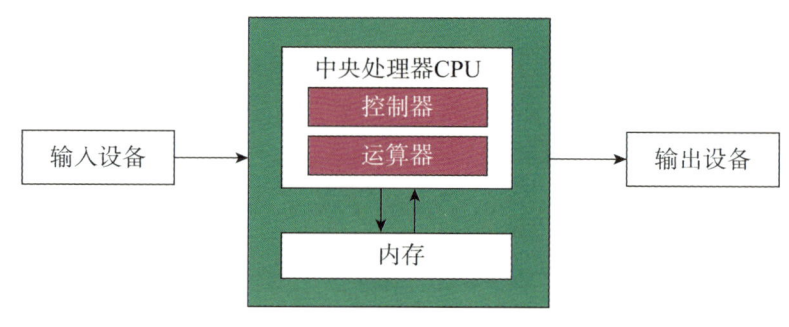

冯·诺依曼体系结构

根据冯·诺依曼体系结构，计算机硬件由五大部分组成：输入设备（如键盘、鼠标、麦克风、摄像头，而这些硬件当年都没有）、存储器（内存及硬盘）、输出设备（显示屏幕、扬声器）、运算器及控制器（现在都属于CPU）。计算机的程序和数据平时都存储在存储器中，程序由一系列指令构成，程序指令和数据都用二进制数表示；计算机读入程序后按顺序执行每一条指令，计算机指令中的循环和条件跳转保证了程序执行过程的灵活性。

 **想一想**

冯·诺依曼从小喜欢数学，学习并掌握了多门语言，对世界史也兴趣浓厚，还从不同大学拿到了数学、化学两门专业的毕业证书。能够将多门学科的知识进行融会贯通，并打造出全新的交叉学科，是他成功的秘诀之一，也是前面介绍的几位科学家的共同点。

当前，各学科融合的趋势正在不断加强，一个专业领域的研究很可能在另一专业领域中找到灵感，所以，我们应该跨越专业的"鸿沟"，这样才能开辟新的天地。你最喜欢哪一门学科？不妨和朋友交流一下！

获得图灵奖的中国人

我们已经知道了图灵的故事,他的图灵机和图灵测试启发了计算机和人工智能的发展,连世界上第一台电子计算机的发明人冯·诺依曼也说他的理论来自图灵。为了纪念图灵在计算机领域的杰出贡献,1966年,美国计算机协会设立了图灵奖(Turing Award),该奖项被称为计算机界的诺贝尔奖,一般每年只奖励一名计算机学家,只有少数几年有两名合作者或在同一领域作出贡献的科学家共享荣誉。目前共有72名获奖者,涵盖编译原理、程序设计语言、计算复杂性理论、人工智能、密码学以及数据库等计算机科学领域。

中国首位图灵奖得主——姚期智院士

迄今为止,唯一一位获奖的中国人是中国科学院院士姚期智。2000年,因为姚期智院士对计算理论,包括伪随机数生成、密码学与通信复杂性的诸多贡献,美国计算机协会授予他该年度的图灵奖。2004年,姚期智院士辞去普林斯顿大学终身教职,来到清华大学任教。2005年,姚期智院士在清华大学创办清华学堂计算机科学实验班,即"姚班"(2019年新增创办清华学堂人工智能班,即"智班"),云集全国学霸,以培养领跑国际拔尖创新计算机科学人才为目标,十几年来为中国及世界培养了众多计算机(包含人工智能)领域的优秀人才。多位"姚班"毕业生进入国内外一流高校任职,由"姚班"毕业生创办的独角兽公司旷视科技(图像识别)、小马智行(自动驾驶)也纷纷崭露头角,在业界引领此轮全球信息革命创新浪潮。

> 姚期智院士曾在清华大学的"科学家与科学之路"讲座中这样说道:"在优秀的学校念书,最大的好处并不是证明自己的优越和聪明,而是你在这些地方能遇到很多杰出的同学和朋友,能够互相激励,最大程度地发挥每个人的天赋。"

AI 发展大事记

你将了解：

人工智能发展的三次浪潮

人工智能发展的两次低谷

人工智能发展历程中的若干重要事件

人工智能 60 多年来的发展并非一帆风顺，而是历尽波折，潮起潮落，其间多次闪耀着亮眼的光芒。从 1956 年开始，人工智能到目前为止已经历了三次浪潮。

人工智能发展的三次浪潮

一、AI 的成长史

第一次浪潮

1956 年的达特茅斯会议标志着"人工智能"学术概念的诞生。此后，人工智能经历了第一个黄金发展期，也就是 1956—1974 年，其研究内容包括迷宫问题求解、人机博弈、小游戏、自动定理证明等。对许多人而言，这一阶段开发出的程序堪称神奇：计算机可以解决代数应用题，证明几何定理，还可以学习和使用英语。当时的大多数人几乎无法相信机器能够如此"智能"。研究者们在私下的交流和公开发表的论文中表达出相当乐观的情绪，认为具有完全智能（也就是和人一样）的机器将在 20 年内出现。

在这个阶段，IBM 公司的塞缪尔（参加达特茅斯会议的 10 人之一）在 IBM 7090 晶体管计算机上研制了西洋跳棋 AI 程序。在 1962 年，它击败了当时全美最强西洋跳棋选手之一的罗伯特·尼雷，震惊了全世界。

> 7090 晶体管计算机是世界上第一台晶体管计算机，内存仅为 32KB。

塞缪尔在西洋跳棋 AI 程序的研制过程中，首次提出了"机器学习"的概念，即不需要显式地规则编程，而让机器具有学习的能

西洋跳棋（美式英语 checkers，英式英语 draughts）是一种两人棋盘游戏。玩家的棋子都是沿斜角走的。棋子可跳过敌方的棋子并吃掉它。

> 西洋跳棋的历史比欧洲象棋悠久，始祖为中东跳棋。西洋跳棋的玩法有很多，最流行的游戏形式首先是英国跳棋（棋盘格子 8×8），其次为波兰跳棋（棋盘格子 10×10）。塞缪尔当时挑战的是 8×8 的英国跳棋。2007 年，加拿大计算机科学家乔纳森·舍弗宣布，他们团队研制的程序 Chinook，已经可以找到英国跳棋的最佳走法，如果双方都按照最佳走法下棋，那么棋局将以和局收场，但变化更多的波兰跳棋等还有待于破解。

探索 AI 新世界

力。因此，塞缪尔被称为机器学习之父。

1966 年，人类历史上第一个聊天机器人 ELIZA 诞生了，它通过模仿罗杰斯学派心理治疗师来与人类对话。按照如今的标准，一方面，ELIZA 的功能非常粗糙——只接受文本输入，另一方面，它并不理解对话，只是通过模式匹配等技术，在有限的知识库内搜索合适的回答，且只能与预先设定好的特定领域里的人聊天。但即便是这样，当时的很多人仍不能确定 ELIZA 究竟是人还是程序。

第一次低谷

1974—1980 年是人工智能研究的第一个寒冬。受限于当时落后的计算机运算能力和数据收集能力，人工智能发展遇到了阻碍，导致社会对人工智能普遍预期下降，投资减少。

第二次浪潮

1980—1987 年，得益于专家系统的出现，人工智能研究迎来第二次快速发展。所谓专家系统，是人工智能的一个研究分支，它具有一种仿真决策能力，但问题必须聚焦于某个非常具体的领域，才可能通过 if-then（如果—那么）规则来规避计算机不擅长的常识性问题。1981 年，日本政府提出了"第五代电脑计划"，开始重点资助人工智能项目。1989 年的 Deep Thought 战胜了国际象棋大师，为后来 Deep Blue 的成功奠定了基础。

> Deep Thought（深思）是一款国际象棋计算机，也就是 Deep Blue（深蓝）的前身。

关于专家系统，有两个著名的例子。第一个是 MYCIN 系统，MYCIN 系统是 20 世纪 70 年代初由斯坦福大学研制的，它是一种帮助医生对住院的血液感染患者进行诊断和选用抗菌素类药物进行治疗的人工智能，使用了人工智能的早期模拟决策系统，用于严重感染时的感染菌诊断以及抗生素给药推荐。第二个是 DENDRAL 系统，DENDRAL 系统是 20 世纪 60 年代由爱德华·费根鲍姆开发的，它是一种帮助化学家判断某待定物质的分子结构的专家系统。

> 专家系统是指引入某个专业领域的知识，再经过推理，使计算机能够像该领域的专家一样出色工作。

一、AI 的成长史

第二次低谷

1987—1993 年是人工智能研究的第二个寒冬，导致其研究进展放缓的原因在于个人消费电脑的快速发展。1987 年，苹果和 IBM 开始在桌面市场发力，个人电脑的运算能力逐渐超越 Symbolics 公司昂贵的 LISP 电脑，人工智能硬件市场受到巨大挤压而发展缓慢。

第三次浪潮

第三次人工智能浪潮可分为两个阶段：第一阶段从 1993 年至 2011 年，人工智能开始复苏，代表事件是国际象棋的人机对弈；第二阶段从 2011 年开始，是深度学习和大数据时代，代表事件是 AlphaGo 战胜人类围棋职业九段棋手等。

第一阶段：人工智能复苏

1997 年 5 月 11 日，加里·卡斯帕罗夫以 2.5∶3.5（1 胜 2 负 3 平）输给了 IBM 公司的计算机程序——深蓝，这场人机大战又一次震惊了世界。1996 年，深蓝曾和卡斯帕罗夫对弈，2 胜 4 负。当时深蓝采用的是暴力搜索算法，简单地说，就是列举出所有可能的棋位，然后从中找出最佳的走法。虽然深蓝的搜索速度惊人，约为每秒 5000 万到 1 亿个棋位，但还是没能打败人类，因

> 作为国际象棋特级大师，卡斯帕罗夫从 6 岁开始下棋，22 岁便成为世界上最年轻的国际象棋世界冠军，所以深蓝第一次对弈输给卡斯帕罗夫也在情理之中。

1997 年，卡斯帕罗夫与深蓝的世纪之战

探索 AI 新世界

为它当时并不具备自主学习能力，不理解下棋的策略，随机应变的能力也不及卡斯帕罗夫。

之后，团队对深蓝进行升级改造，使其运算速度达到每秒 3 亿个棋位。尽管此时深蓝仍然不具备自主学习能力，但由于它的计算速度足够快——可以预判 12 步，而卡斯帕罗夫只能预判 10 步，因此它能够找出更好的应对策略，每一步棋都能压制卡斯帕罗夫。最终，深蓝靠着更强的计算能力战胜了人类。比赛结束后，IBM 公司宣布深蓝"退役"。

1998 年，斯坦福大学教授肯尼斯·萨里斯伯里公开了外科手术机器人（robotic surgery）专利。

2005 年，斯坦福大学 AI 实验室发明的第一辆自动驾驶汽车完成了 132 英里的莫哈维沙漠路线，在美国国防部高级研究计划局（DARPA）超级挑战赛上一举夺冠。比赛路段位于内华达州西南部的山区和沙漠，路况相当复杂；在这种路段行车，对经验丰富的人类司机来说也是一大挑战。

2009 年，美籍华裔科学家李飞飞主导的 ImageNet 项目诞生了一个含有 1500 万张照片的数据库，涵盖了 22000 种物品。这个项目及其后来的一系列工作影响了整个计算机视觉领域的发展。当时，李飞飞发现，整个学术圈和人工智能行业都在苦心研究同一个概念，即通过更好的算法来制定决策，但并不关心数据。她意识到这种方法的局限性——如果使用的数据无法反映真实世界的情况，即便是最好的算法也无济于事。她的解决方案是建设更好的数据集。

2010 年，苹果公司推出一款内置于苹果 iOS 系统的人工智能助理软件 Siri。人们不仅能通过语音操控自己的手机，还能与 Siri 对话聊天，科幻小说中作家想象的语音控制终于变成了现实。和早期的社交机器人相比，这些个人助手在技术上有了很大的飞跃。它不再仅仅基于开发者手动制定的一些规则来"照本宣科"，而是借助机器学习与自然语言处理等技术来理解语言文字，分析文字中的情感，进而更好地解决实际应用中复杂的场景。

2011 年，IBM 开发的自然语言问答计算机沃森（Watson）在美国经典益智节目《危险边缘》中击败人类。这说明沃森不但

> 作为目前全世界最大的带标签的图像数据库，ImageNet 拥有 14197122 张图片，以及 21841 个类别，包括动物、家具、鸟类、水果、人、蔬菜、车辆等。这份数据集很快成为一场年度竞赛：看看究竟哪种算法能以最低的错误率识别出图像所包含的物体。很多人都将此视作当今这轮人工智能浪潮的催化剂。从 2010 年的 28.2% 开始，年度最优识别算法的最低错误率下降到 2015 年的 3.57%，和人类识别的错误率已相差无几。

一、AI的成长史

随处可见的语音助手

具有强大的数据和自然语言的处理能力，而且正朝着以接近人类思维方式"思考"的方向迈进。要参加这种智力比赛，必须拥有更多、更快的核心计算，一块单核CPU回答一道普通题所需的计算量大约要花2小时，而沃森平均只用3秒。"但硬件上的升级并不一定能战胜人类，有时候对于一台电脑来说，能听懂题目也许是个更大的挑战。"沃森的胜利，表明机器在自然语言处理方面也有了长足的进步。

第二阶段：人工智能爆发

2012年，人工智能专家吴恩达和谷歌人工智能部门负责人杰夫·迪恩做了一个实验——他们通过向一个大型神经网络展示1000万张未标记的网络图像，使其自我学习并提炼出猫的形象的概念，并能在新的图像中识别出是否有猫。

2014年，亚马逊推出了智能音箱Echo及智能语音助手Alexa。通过Alexa的语音识别技术，Echo不仅可以接收指令、回答问题、帮忙联网查找并播放新闻或歌曲，还可以通过与其他设备的联动控制灯光和空调等。

2016年，谷歌DeepMind研发的AlphaGo击败了围棋世界冠军李世石。在此前的跳棋和国际象棋等棋类比赛上，计算机程序都曾打败过人类棋手，因此围棋成了人类智力游戏的最后一块高地。2016年3月9—15日，在韩国首尔进行的五番棋比赛中，AlphaGo以4：1战胜围棋世界冠军、职业九段棋手李世石，

> AlphaGo是由谷歌旗下DeepMind公司开发的第一个击败人类职业围棋选手、战胜围棋世界冠军的围棋AI。

探索 AI 新世界

AlphaGo 以 4∶1 战胜围棋世界冠军、职业九段棋手李世石

引起轰动，毕竟围棋在很长一段时间内都被认为是机器无法超越人类的领域。

围棋具有很高的复杂性，其中的棋步组合（10 的 170 次方）比宇宙中的原子数量（10 的 80 次方）还多，而且每次落子对形势的影响也飘忽不定。因此，暴力搜索法、Alpha-Beta 剪枝、启发式搜索等传统人工智能方法在围棋比赛中很难奏效。

战胜李世石之后，2017 年 5 月 23—27 日，AlphaGo 以"Master"为注册账号，在中国乌镇围棋峰会上以 3∶0 战胜了世界排名第一的中国九段棋手柯洁。之后，AlphaGo 团队便宣布 AlphaGo 将"退役"，不再参加围棋比赛。

2017 年 10 月 19 日，AlphaGo 团队在《自然》杂志上发表文章，介绍了 AlphaGo 的最新版本 AlphaGo Zero。这次的 AlphaGo Zero 没有用到人类数据，而是通过自己和自己对战来学习，它和 AlphaGo 最大的区别在于它进行的是从零开始的

> AlphaGo 使用了蒙特卡洛树搜索与评估网络、走棋网络两个深度神经网络相结合的方法，评估网络用来评估大量的选点，走棋网络则用来选择落子。AlphaGo 的神经网络共有 48 层，每一层都用不同的方式分析棋局，并且这些层相互传递信息。

一、AI 的成长史

无监督式学习，不需要任何人类经验，可以自学围棋。AlphaGo Zero 仅仅用了 3 天的时间，就以 100：0 完胜 AlphaGo。

2018 年，在谷歌开发者大会上，谷歌助手 Google Assistant 的一句"嗯哼"引起了全场轰动，这说明其拟人程度上升到一个新的层次。对人类来说，说出"嗯""哼"之类隐含情感的语气词再正常不过了；但对机器来说，要模拟人类的情感比较难，因为只有当机器真正理解了这些语气词所代表的人类的情绪，以及人类使用它们的场合和方式，才能在实际对话中自如地使用这样的语句，而这在过去被认为是一件难以做到的事情。Google Assistant 的另一智能之处是可以帮用户进行电话预约。外卖订餐时，只需把细节交代清楚，它就会帮用户拨打电话，完成订餐。显然，Google Assistant 成了用户的电子管家，AI 语音助手的相关技术迈上了新的台阶。

2019 年 7 月出版的《科学》杂志刊登了一项美国科学家的研究成果，他们开发出一种新的人工智能程序"合众为一"（Pluribus），在 6 人无限制德州扑克比赛中击败了 6 名全球顶尖选手。研究人员认为，这是人工智能发展史上的一座里程碑，未来有望应用于生物医学、安全等领域。

上海市浦东新区张江人工智能岛园区内的无人驾驶售货车

探索 AI 新世界

2019年8月27日，俄罗斯"联盟MS-14"飞船与国际空间站进行二次对接并获得成功。在这艘飞船中有一位特殊的乘客，那就是俄罗斯首个"仿真宇航员机器人"——Skybot F-850。该消息显然预示着仿真机器人在航天领域的实际应用又前进了一步。

作为俄罗斯著名机器人费德尔（FEDOR）的最新版本，Skybot F-850是银色的拟人关节型机器人，高180厘米，重160千克，会发推文分享学到的新技能，比如打开矿泉水瓶等。在国际空间站，Skybot F-850不仅在低重力下测试手动技能，还协助之前升空的俄罗斯宇航员斯科沃佐夫的工作，穿戴外骨骼参与了一系列实验。

俄罗斯机器人宇航员小档案

姓名：Skybot F-850
　　　曾用名为FEDOR

身高：约1.8米

体重：约160千克，取决于额外设备重量

构成：约15000个机器部件

国籍：俄罗斯

俄罗斯首位机器人宇航员勇闯太空

语言：俄语

技能：举重、做俯卧撑、分类放射性废物、操作电钻、开瓶盖、语音播报、灭火、开车、双"手"持枪快速射击……

附加技能：开玩笑、思考哲学、聊天、复制人类动作……

职业：机器人"宇航员"

身价：超过3亿卢布

任务：汇报飞船飞行参数及观测到的事件、测试对宇航操作员指令的执行情况……

使命：拯救生命、执行高危太空任务、协助俄罗斯建造太空基地……

2 AI 的十八般武艺

为了变得更聪明

你将了解：

人工智能的研究目标

"弱人工智能"和"强人工智能"的区别

人工智能所涉及的关键技术

人工智能的研究目标

　　人工智能的研究目标可以分为近期和远期。近期目标是建造智能计算机来代替人类的某些智力活动。比如：AlphaGo 专注于下围棋，并且战胜了最高段位的人类棋手；扫地机器人可以自动打扫房间卫生；生产线上的机械臂可以代替工人 24 小时不间断地劳动。

　　远期目标是用自动机模仿人类的思维活动和智力功能。比如：电影《星球大战》中的机器人 BB-8 不仅能自如地行动，还能主动完成多项任务；电影《流浪地球》中的人工智能机器人莫斯（MOSS）相当于"领航员号"空间站的智慧大脑，负责管理空间站的事务，是"领航员"计划的辅助执行者及"火种"计划的执行者。目前，远期目标还较难实现，只出现在影视文学作品中。

　　应该说，人工智能研究的近期目标和远期目标既相辅相成，又有所区别。一方面，近期目标的研究在理论、技术和经验方面，为远期目标的实现作了一定的积累，并坚定了人们实现远期目标的信心；另一方面，现在也有不少科学家认为，实现远期目标所需的技术路线和近期目标可能差别较大，必须开拓新的思路，也许通过类脑研究才能找到新方向。

我们离"强人工智能"还有多远

对人工智能近期目标和远期目标的分类描述,正体现了近年来有关人工智能发展的两种不同理念——"弱人工智能"和"强人工智能"。

持"弱人工智能"观点的科学家认为:我们可以通过学习和借鉴人类的智能行为,不断研制出更聪明的工具来帮助人类解决各种问题,但是我们无法也无须研制出真正具有智能和自主意识的人工智能程序,更不必苛求人工智能程序的思考过程完全和人类一样。就像我们从鸟类的飞行中汲取灵感,研制出了飞机,虽然飞机飞得比鸟更快,但它并没有像鸟一样扑腾翅膀。到目前为止,我们可以认为人工智能所取得的所有成就,都属于"弱人工智能"范畴。

持"强人工智能"观点的科学家则认为:我们可以研制出和人一样聪明,甚至比人更聪明的人工智能程序;这些程序能以人类的方式进行推理和思考,并且拥有自我意识。科幻电影中的机器人大多属于这种程序。不过,强人工智能的发展需要完全不同于弱人工智能的理论、方法、技术和模型。即使按照最乐观的情况估计,也要20—30年才能初步达到这个目标。目前,以模拟人类大脑结构为主的类脑计算技术是最有可能实现"强人工智能"的一条途径,但最终结果将会如何,还是让我们拭目以待吧!

科幻电影中的机器人

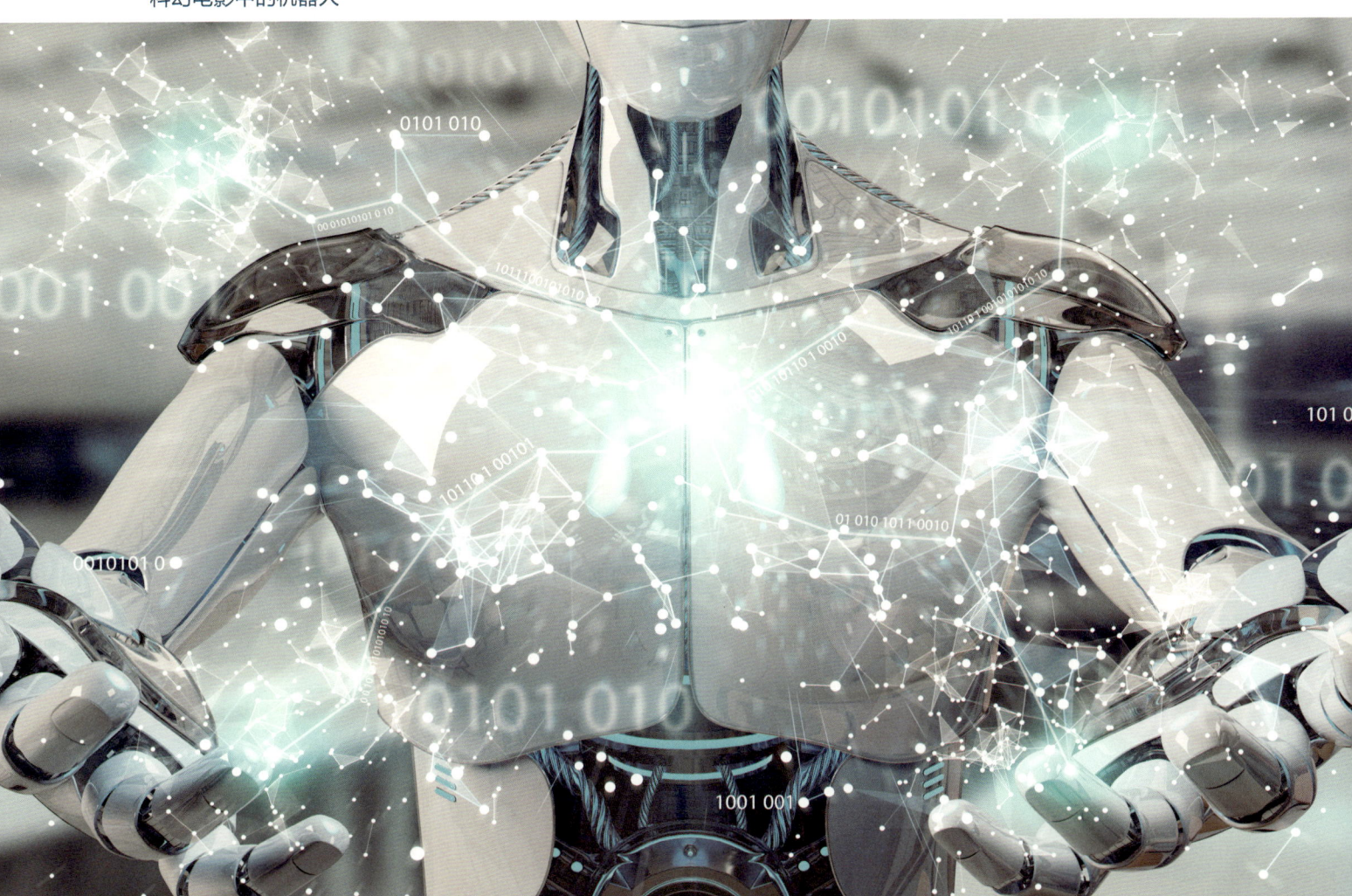

探索 AI 新世界

人工智能的关键技术

为了实现上述研究目标，人工智能必须具备各种各样的本领，也就是需要各种关键技术的支撑。具体来说，计算机若要表现出人类智能，就必须像人一样能理解各种各样的知识，理解这些知识间的关系，能从已有知识和外部环境中不断推理和学习新的知识，并把储备的知识用于解决各种实际问题，比如识别车牌号码、听懂人说的话、在地图上找出最快的行车路线等。对应地看，人工智能的关键技术也可以从知识表示方法、知识间关系表示方法（如知识图谱等）、知识习得方法（如计算智能、专家系统、机器学习等）以及知识应用方法（如自动规划、自然语言理解等）这几个角度进行分类。我们将在下文重点介绍这些关键技术。

真的有 BB-8 这样的机器人吗

BB-8 是《星球大战》系列电影中的一个机器人角色。它的身体呈一个球形，头部则为半球形，上面还有一个类似"眼睛"的东西（即它的传感器）。

BB-8 先后出现于 2015 年的科幻电影《星球大战：原力觉醒》和 2019 年的《星球大战：天行者崛起》。在电影拍摄过程中，BB-8 这个角色由傀儡和真正的机器人共同诠释。也就是说，BB-8 有时候是一个由人控制的道具玩偶，类似于"牵线木偶"，控制它的人被后期数字化技术移除出了画面；有时候是一个由机动装置推动的滚动机器人，而这个装置也经过了后期处理；还有一些镜头中的 BB-8 是电脑合成的。所以在现实生活中，像 BB-8 这么智能的机器人并不存在。

电影《星球大战》中的 BB-8

知识表示方法

你将了解：

什么是知识

知识的三大特性

三种具有代表性的知识表示方法

知识的定义

什么是知识？这是个有意思的问题。的确，我们常常在各种场合提到知识，但似乎从未想过要为它下一个精确的定义。著名的计算机科学家、"商务智能之父"伯纳德·利奥托德（Bernard Liautaud）博士认为：知识是从大量信息中总结出来的一般规律和常识，是进一步提炼产生智能的基础；我们所做的智能行为和决策，都是建立在知识的基础上。维基百科则将知识表述为对人或事物的感知和理解，包括与之相关的事实、过程和相关对象等，并认为知识可以通过多种方式从不同渠道获得，比如过往经验、历史记忆、教育学习、科学实验、逻辑推理等。

要想让计算机理解各种各样的知识，就要用计算机能处理的方式来表示和存储知识。计算机总是希望你告诉它的知识是准确的，但鉴于知识本身的几大特性，要想精确地表示知识恰恰是不容易的。

以人类自身为例，我们从小学习和观察周边的世界，积累了很多认知和经验，比如雪是白色的、金属是硬的、美国总统是特朗普等，但有的地方曾经下过黑色的雪，有些金属是软的，美国总统过两年可能就换人了。也就是说，人类自身的知识也未必是精确的。

探索 AI 新世界

因为不会飞，企鹅只能在两块浮冰之间跳跃

知识的三大特性

知识有三大特性。**第一个特性是相对正确性**，指在一定条件和环境下，知识是正确的。比如，"1月份冷，7月份热"对北半球的地区来说是正确的，对澳大利亚来说则正好相反。又如，"鸟会飞，鱼会游"这句话通常是对的，但有些鸟，比如企鹅和鸵鸟就不会飞。**第二个特性是不确定性。**这有可能是随机性造成的。比如：冬天一般都刮西北风，但偶尔也可能刮东南风；感冒的时候一般会出现头痛、咳嗽、流涕和发烧等症状，但是头痛、发烧不一定就代表感冒了。也有可能是经验引发的不确定性。以小马过河的故事为例，小松鼠说河水很深，牛伯伯说河水很浅，那么河水到底是深还是浅？这是不同个体从经验感受中获得的知识。还有可能是不完全性引发的不确定性。人们对世界的认识是逐步提高的，比如，古代的人曾认为天圆地方，直到近几百年我们才意识到地球是一个球体。又如，火星的状态其实是确定的，但是因为人类还无法到达火星，不能完全了解，所以不确定火星上到底有没有生命，只能说从它外围的成分看，很有可能存在生命。**第三个特性是可表示性和可利用性**。知识的可表示性是指知识可通过适当的形式，如语言、文字、图画、神经网络等表示出来，这样才能被存储和传

执行火星探测任务的火星车

播。比如，我们通过讲解、课本、视频以及观察别人的动作等，都可以获取知识。知识的可利用性是指我们可利用知识来解决各种问题。比如，我们学会了加减乘除，就可完成老师布置的作业，并在日常购物时懂得算账和找零，这些都是知识的利用。

知识在计算机中的表示方法

人工智能的关键，就在于要让计算机理解知识。为了让计算机能理解知识，科学家们想出了很多方法，如产生式表示法、框架表示法、状态空间表示法等。下面，我们通过例子来了解其中的一些方法。

产生式表示法

产生式表示法又称产生式规则（production rule）表示法，由美国数学家波斯特（E. Post）在1943年首次提出。这种方法根据知识是确定性的还是不确定性的，是具体事实还是推理规则，把需要表示的知识分为4种情况：

1. **确定性规则的产生式表示**：如果条件 A 然后结论 B。例如：如果太阳下山了，那么月亮就会升起。这也是古人总结过的规律——日月交替。

2. **不确定性规则的产生式表示**：如果条件 A 然后结论 B（置信度）。例如：如果白天日晕，那么晚上下雨（0.6），意思是当白天出现日晕时，晚上下雨的可能性超过60%。古人通过观察发现并总结的"日晕三更雨，月晕午时风"，推测的就是这样的自然规律。

3. **确定性事实的产生式表示**：一般用三元组，就是3个元素的组合，即（对象，属性，值）或者（关系，对象1，对象2）。例如："小白的年龄是11岁"表示为（小白，年龄，11），"小白和小黑是同学"表示为（同学，小白，小黑）。

4. **不确定性事实的产生式表示**：一般用四元组，增加了一个元素——置信度，即（对象，属性，值，置信度）或者（关系，对象1，对象2，置信度）。例如："小白的年龄很可能是11岁"表示为（小白，年龄，11，0.8），"小白和小黑不太可能是朋友"表示为（朋友，小白，小黑，0.2）。不同的置信度代表不同的可能性。

> "置信度"是可能性的意思。

探索 AI 新世界

> 产生式表示法的优点在于可以很方便地表示过程性知识和知识间的逻辑关系，缺点在于对事实性知识的存储较为麻烦。

1972年，纽厄尔和西蒙在研究人类的认知模型的过程中，以产生式表示法为基础开发了基于规则的产生式系统。如今，产生式表示法已成为人工智能中应用最多的一种知识表示模式，许多成功的专家系统中的知识表示都基于产生式表示法。

框架表示法

虽然产生式表示法可以表示很多知识，但由于每个知识都是一条记录，存储起来很不方便。1975年，美国著名人工智能学者明斯基（达特茅斯会议的发起者之一）提出了框架理论。这个理论认为，人是基于过往的经验和知识来获取新知识的，这些过往的经验和知识会以类似框架的结构存储在人类的记忆中，当我们学习新知识时，会对过往的框架进行扩充和组合。

学生信息框架

框架名：学生信息

姓名：小白

年龄：11

性别：女

职务：文艺委员

年级：5年级

班级：A班

> 想一想，还有什么是可以用框架表示法来描述的呢？试着找出你身边的例子吧。

如上图所示，班上每个同学都可以用一张类似这样的小卡片（框架结构）来记录自己的基本信息，看起来一目了然。每当班里来了一个新同学，只需增加一个新的框架，这就是最简单的框架表示法。

我们再来看一个例子。比如，小白的期末考试成绩可以用学生成绩框架（如下左图所示）来表示。如果把小白的学生信息框架和学生成绩框架合并,我们就可以得到一个更全面的框架结构——学生简历框架(如下右图所示),里面不仅有小白的姓名、年级、班级、成绩,还有她的性别、年龄、职务等信息。

学生成绩框架

框架名:学生成绩

姓名:小白

年级:5 年级

班级:A 班

语文:95

数学:99

英语:92

音乐:98

美术:90

体育:91

学生简历框架

框架名:学生简历

姓名:小白

年级:5 年级

班级:A 班

年龄:11

性别:女

职务:文艺委员

语文:95

数学:99

英语:92

音乐:98

美术:90

体育:91

由此可见,通过扩充和组合现有的框架,我们可以很方便地表示事实性知识。不过框架表示法也有其缺点,即难以表示过程性知识。作为一种结构化的知识表示方法,目前框架表示法也得到了广泛的应用,如今炙手可热的知识图谱等概念背后都有它的影子。

状态空间表示法

上文提到的产生式表示法和框架表示法虽然应用广泛,但在表达上都存在一定的局限性,所以我们还需要其他知识表示方法。以小学经典奥数题"农夫过河的故事"为例:"一个农夫带着一条狗、一只鸡和一些米过河。河边只有一条船,由于船太小,只能装下农夫和他的一样东西。在

探索 AI 新世界

无人看管的情况下,狗要撵鸡,鸡要吃米,请问农夫如何才能使三样东西平安过河?"这个故事里的知识要如何在计算机里表示呢?这时,状态空间表示法就起作用了。

我们假设农夫和狗、鸡、米最初都在河的南岸,需要到河的北岸去。用一个四元数组表示,即(农夫状态,狗状态,鸡状态,米状态),初始状态都在南岸,表示为(南,南,南,南)。在计算机里,我们用 0 代表河的南岸,1 代表河的北岸,初始状态就表示为(0,0,0,0),目标是全部到达北岸(1,1,1,1),解题步骤如下表所示:

状态空间表示法的求解过程

农夫状态	狗状态	鸡状态	米状态	注释
0	0	0	0	都在南岸
1	0	1	0	农夫带鸡过河
0	0	1	0	农夫独自回来,鸡在北岸
1	1	1	0	农夫带狗过河
0	1	0	0	农夫带鸡回来,狗在北岸
1	1	0	1	农夫带米过河,狗在北岸
0	1	0	1	农夫回来,狗、米在北岸
1	1	1	1	农夫带鸡过河,全部到达

这个状态空间就是用来表示和解决问题的步骤。初始状态(0,0,0,0),目标状态(1,1,1,1),约束条件就是:狗和鸡不能单独在一起,鸡和米不能单独在一起,农夫每次过河最多带一样东西。

知识图谱

你将了解：

什么是知识图谱

知识图谱的三种原始数据类型

日常生活中的知识图谱

前面我们介绍了表示单个知识的方法，但人类所拥有的知识不是孤立存在的，知识之间有着各种各样的关系。有的知识之间存在包含关系或层级关系，比如水果的概念中就包含了苹果的概念，苹果可以认为是一种具体的水果；有的知识之间存在等价关系，比如勾股定理和毕达哥拉斯定理就是等价的；有的知识之间可能只存在某种微弱的关联关系，比如可乐和雪碧，两者的共同点在于都属于某种碳酸饮料。

计算机要想更好地掌握知识，就必须拥有一项可以帮助它表示知识间关系的技术。计算机科学家想了很多办法来表示这些关系，目前的集大成者叫作知识图谱（knowledge graph）。

> 勾股定理和毕达哥拉斯定理，都是指平面上直角三角形的斜边平方等于两条直角边的平方和，只不过中外的叫法不一样。

探索 AI 新世界

知识图谱的定义

知识图谱是由节点和连线组成的语义网络。节点可以是实体，如一个人、一本书等，也可以是抽象的概念，如人工智能、知识图谱等。连线可以是实体的属性，如姓名、书名，也可以是实体之间的关系，如朋友、配偶。

> 谷歌知识图谱负责人辛格博士提出："The world is not made of strings, but is made of things.（世界由客观事物组成，而不是字符串。）"

知识图谱的早期理念来自万维网之父蒂姆·伯纳斯·李（Tim Berners Lee）于1998年提出的语义网。2012年，谷歌基于语义网的概念和技术第一次提出了知识图谱的概念，旨在利用网络多源数据（就是来自不同源头的数据）构建的知识库来增强语义搜索、提升搜索质量。知识图谱的目的是通过结构化的形式来描述客观世界中存在的概念、实体以及它们之间的复杂关系。这里的概念指抽象的对象或事物，比如人、动物、国家等；实体指具体的人或事物，比如哪吒、老虎、中国等。

下面是一个简单的知识图谱示例。可以看到，在国家这个概念下有很多实体，比如中国、日本、美国等。中国的首都是北京，它们之间的连线是属性。

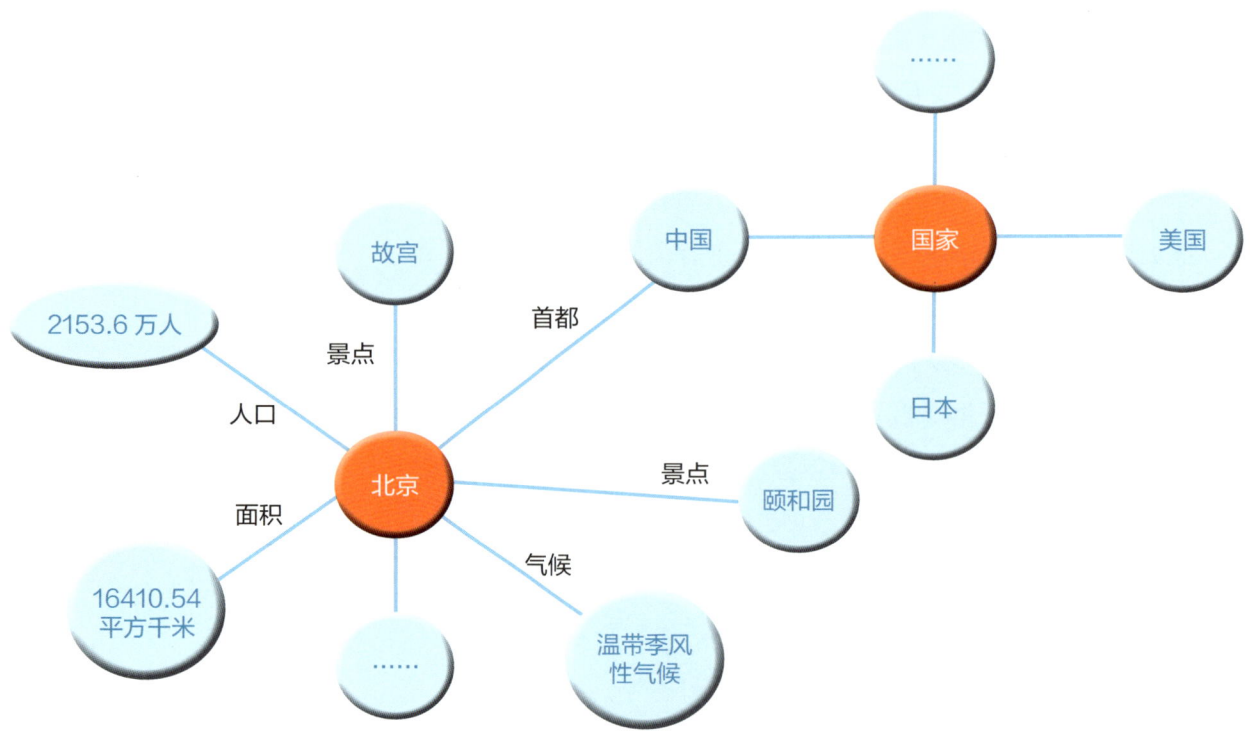

二、AI 的十八般武艺

为了更好地理解知识图谱，我们先来认识一下知识卡片（knowledge card）。传统搜索引擎把包含用户搜索关键词的页面作为搜索结果返还给用户，而知识卡片能够为用户提供更多与搜索内容相关的信息，比如百度百科的词条。举个例子，一提起"哪吒"这个名字，大家都知道他是中国古代神话故事中的人物。我们在搜索引擎上输入"哪吒"，就可以查询到他的相关信息，比如父亲是托塔李天王，师父是太乙真人，还有两个哥哥分别叫金吒和木吒，兵器是乾坤圈和混天绫等，这些都是和哪吒形成关系的信息。此外，我们还能看到其他相关的搜索推荐——曾出现过哪吒的小说、电视剧和电影，比如《封神演义》《西游记》《哪吒之魔童降世》等。

那么，如果在百度搜索"哪吒的师父"，结果会是怎样呢？

我们发现搜索引擎自动分析了哪吒、师父这两个实体之间的关系，第一条搜索结果中自动显示了太乙真人的信息，这就说明知识图谱能帮助搜索引擎找到符合用户意图的结果。

知识图谱的数据类型

知识图谱的原始数据类型被分为三类，也就是互联网上的三类原始数据来源。

结构化数据（Structured Data），如关系型数据库。

半结构化数据（Semi-Structured Data），如 XML、JSON、Excel。

非结构化数据（Unstructured Data），如图片、音频、视频、PDF 文件等。

39

探索 AI 新世界

知识图谱的三类数据

结构化数据，是指受明确数据模型规定的数据，最常见的就是存储在数据库里的数据。这种数据在取值类型、取值范围等方面都有一定的规定。比如：下面这张个人信息表中，手机号码必须为 11 位数字，不能有字母；星座必须在 12 个已知值中取，不能随便填一个"太阳"；星座值与出生月份必须相匹配，星座值为巨蟹时，出生月份不能是 6 或 7 以外的值。结构化数据通过这样的规定，能够保证其中的数据一定是有效的。

个人信息表

姓名	手机号码	星座	出生月份
朱一	13912345678	巨蟹	6
丁二	13812345678	狮子	8
张三	15012345678	天蝎	11
李四	18112345678	金牛	4
王五	18912345678	水瓶	1

半结构化数据，是指不受数据模型规定，但看上去明显有规律的数据。这个数据可以放在一张表格里，比如写在 Excel 中的图书借阅表；也可以是类似家谱一样的树状数据，在计算机中，树状数据一般以 XML 或 JSON 这样比较容易被程序处理的数据格式存储。

比如下面这段 XML，无论是计算机还是人，都一看就知道里面存着两个人的姓名和年龄信息。

```
1  <!DOCTYPE *****>
2  <NameList>
3    <Person>
4      <Name>朱一</Name>
5      <Age>42</Age>
6    </Person>
7    <Person>
8      <Name>王二</Name>
9      <Age>41</Age>
10   </Person>
11 </NameList>
```

非结构化数据，就是既没有数据模型也没有规律的数据，比如一幅画、一段音乐等。

日常生活中的知识图谱

我们在日常生活中的哪些地方用到了知识图谱呢？除了搜索引擎外，我们常用的一些软件也用到了知识图谱，只不过侧重点不一样。比如，我们在买东西之前，通常会去购物网站查看相关的产品介绍。一输入产品名称，页面上会出现很多商家，挑一家销量较大的进去，可以发现产品页面的描述非常细致，还能看到其他用户的评价及使用反馈。买书呢？可以去一些图书电商平台。搜索书名关键词或作者姓名，不仅会出现不同版次、不同出版社的相关图书，还会推荐一些名称类似、内容相似或同一作者的图书。这些都是基于产品的知识图谱应用。

此外还有基于关系的知识图谱应用，最典型的就是微信和微博。微信的联系人主要来自社交关系，包括同学、同事、亲戚、朋友、老师、学生等。在朋友圈点赞的时候，你可能会突然发现："咦？为什么你们俩认识呢？"比如，小张儿子的英语老师小孟和小张远在其他城市的大学同学小李看起来毫无关系，但在朋友圈里居然产生了交集，小张一问才知道原来他们俩是远房亲戚。这就是知识图谱里的关系链接。至于微博，当你添加一个新的关注人时，它还会主动推荐你们可能共同认识的人，这就是基于知识图谱的关系分析。

以下图为例，小白和小黄是小学同学，小白和小朱也是小学同学，那么通过知识图谱的推理，就可以大概率地推断出小黄和小朱之间可能也是小学同学的关系。

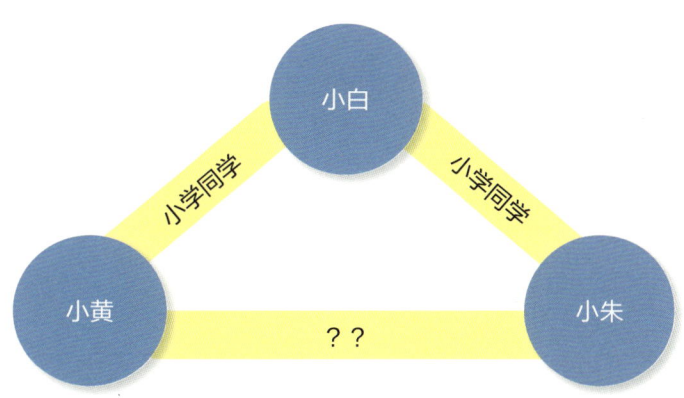

另外，当你在购物网站搜索了辣椒酱后，它可能会持续地向你推荐类似的商品，这也是基于知识图谱的分析。我们在第一部分提到的IBM公司研发的沃森机器人，就是基于知识图谱的智能机器人。

探索 AI 新世界

什么是事件图谱

我们前面介绍的知识图谱更多地体现了静态的实体知识，但在现实生活中，很多知识体现于动态的事件变迁中，因此还需设法对不断发展的事件进行描述。以桃园三结义为例，看到右边这张图片，你能想到什么？

在没有知识的情况下，我们只能识别出画面中有三个人，有树，有碗。结合实体知识，我们可以知道这三个人的身份，即刘备、关羽和张飞，以及更多的信息，比如，画面上的树是桃树，他们端着的碗里盛了酒。而基于事件知识，我们可以把这些零散的实体知识拼接在一起，从而知道这是东汉末年刘备、关羽和张飞在桃园结义的事件。有了事件知识后，我们还可以对动态变化的客观世界进行建模，比如，可以把桃园三结义这一事件定义为后续建立蜀国的初始事件。

为了更好地描述与事件相关的动态知识，科学家们在知识图谱的基础上，进一步发展出事件知识图谱（也有人叫事理知识图谱）的概念，简称事件图谱。事件图谱以事件为基本单位，表达和事件相关的元素以及事件间的关系。比如，我们可以用下面的事件图谱来描述《三国演义》的故事。

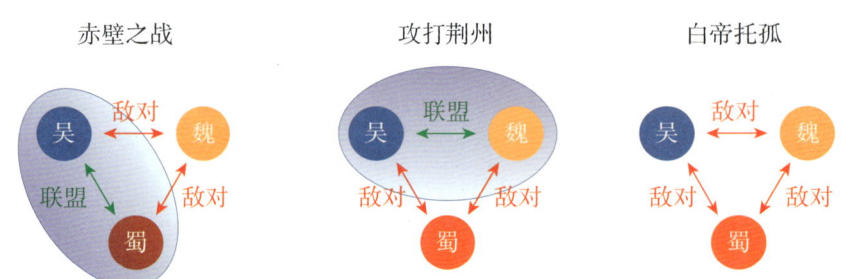

在不同的时期，吴、蜀、魏三国之间的关系是不一样的，只有用这样的事件图谱描述知识，才能让计算机像人类一样理解这些实体之间变化的联系。除此之外，我们还可以通过事件图谱对新闻事件进行检索、查询和分析。总之，事件图谱的应用可以呈现出完整的事件发展过程，让用户清楚地了解事件的来龙去脉。

计算智能

你将了解：

什么是计算智能

计算智能的四种思路及其应用

两种典型的群体智能优化算法

在学会如何表示知识和知识间的关系后，计算机还需掌握获取知识和使用知识的能力。计算智能（Computation Intelligence，CI）就是其中一种有效的方法，通过借鉴自然界尤其是生物界的现象来解决一些比较复杂的问题，这些问题往往具有一定的随机性和不确定性，难以用常规的数学推理方法来解决。目前，计算智能主要包括模糊系统（Fuzzy Systems，FS）、神经网络（Neural Networks，NN）、群体智能（Swarm Intelligence，SI）和进化计算（Evolutionary Computation，EC）这四种思路。计算智能技术具有强大、高效、灵活、可靠等诸多优点。

模糊系统

模糊系统理论是在美国加州大学扎德（LA.Zadeh）教授1965年创立的模糊集合理论的数学基础上发展起来的，主要包括模糊集合理论、模糊逻辑、模糊推理和模糊控制等内容。

什么是模糊逻辑呢？我们在前文提到过，知识有相对正确性和不确定性，其实日常生活中的很多感受都难以用某个具体的数值来精确地表示。

我们先来看个水温感受的例子。怎样的水算热水，每个人的感觉都不一样。那么计算机可以

探索AI新世界

我们生活中常见的浴室水龙头

怎么表示水的冷或热呢？假定我们用0—1的区间来表示水的冷热，0算绝对的冷水，1算绝对的热水，当中可以再划分几档：0.2，0.4，0.6，0.8，那么0.2算较冷，0.4中间偏冷，0.6中间偏热，0.8算较热。此时这个形容冷热的数据集合【0，0.2，0.4，0.6，0.8，1】就是一个模糊集合。如果对水温的感受为0.6，此时就是一个模糊逻辑，既不算冷也不算热，夹在冷和热这两个绝对概念中间。

那么，模糊系统理论在现实生活中有什么用处呢？让我们再来看一个水温感受模糊逻辑在实际生活中应用的例子。假定我们需要设计一个浴缸水温自动控制系统，用来控制浴缸热水龙头出水及冷水龙头出水，浴缸中设有温度感应器。对于泡澡来说，39—40度是比较合适的水温，41度以上可称为偏热，43度以上算很热，38度以下算偏凉，36度以下算较冷，那么模糊集合可以设置为【≤36，37—38，39—40，41—42，≥43】。当温度感应器测出的温度为40度时，说明泡澡水温正合适，应保持冷热水龙头出水量不变；当温度感应器测出的温度为42度时，说明泡澡水温偏高，应适当加大冷水龙头出水量，减少热水龙头出水量；当温度感应器测出的温度超过43度时，说明泡澡水温太高，需要关闭热水龙头，加大冷水龙头出水量；当温度感应器测出的温度低于36度时，说明泡澡水温太低，需要关闭冷水龙头，加大热水龙头出水量。这个控制过程就叫模糊控制。所设计的这个水温自动控制系统就是一个模糊系统。

模糊系统的应用在生活中随处可见。比如，智能电饭煲上通常有选项"米饭—正常""米饭—偏软""米饭—偏硬"，那么怎样的米饭算正常，怎样算偏软，怎样算偏硬，这就是一种模糊系统。又如，现在的汽车辅助驾驶系统可根据前雷达自动判断与前车的距离，当你在市区低速行驶时，如果车子与前车距离过近，刹车会自动介入，那么怎样的速度算低速，多近的距离算过近，刹车要加多大力度，这些都属于模糊系统的判断。

> 智能洗衣机可根据衣服的数量判断所需洗衣液和水的分量，并自动调整洗衣的时间；高炉炼铁时，可根据当时的炉温、铁矿石和焦炭的质量，自动调整投料速度、配比和各炉段温度等……这些都是模糊系统在生产生活中的应用实例。除此之外，大家还能想出其他有关模糊系统的例子吗？

神经网络

人工神经网络（Artificial Neural Networks，简写为ANNs）也

可简称为神经网络或连接模型（connection model），它是一种通过模仿人类大脑神经处理信息的生物机理来解决问题的技术。

我们可以把人类处理信息的方式看成是一个"产生信息—处理信息—做出反应"的过程。以手碰到热水会往回缩为例，这个过程就是手部皮肤产生热的信息，信息传递至大脑神经，大脑神经经过处理后做出缩回的决定，再传递至手部肌肉。

大脑神经由数量极为庞大的神经元组成，神经元之间通过突触互相连接，连接强度是可变化的。科学家由此得到启发：如果参考大脑神经的结构，通过连接大量的人造神经元（artificial neuron），应该就可以对输入的信息进行类似人类大脑智能的处理，最后产生有价值的输出信息。

你了解神经元吗

神经元（neuron）是一种高度分化的细胞，是神经系统的基本结构和功能单位之一，它具有感受刺激和传导兴奋的功能。外部刺激通过神经末梢转化为电信号，转导至神经元；无数神经元构成神经中枢（大脑），神经中枢综合各种信号，做出判断；人体根据神经中枢的指令，对外部刺激做出反应。由此可见，整个过程总共涉及三个步

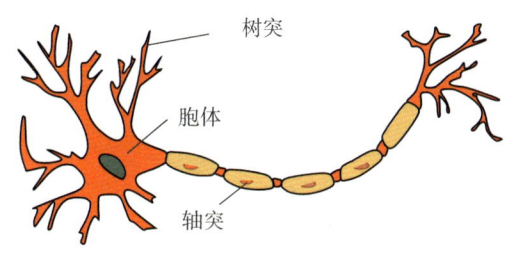

神经元

骤：感知—判断—控制。举个简单的例子，你用手指头去碰很烫的玻璃杯——皮肤表皮感到烫的信号通过神经元传递至神经中枢（大脑）——大脑做出烫是有害的判断，再通过神经元发出收回手指的指令——手指迅速收回，这个过程就是神经系统运作的过程。

神经系统中含有大量的神经元，据估计，人类中枢神经系统中约含1000亿个神经元，仅大脑皮层中就约有140亿个。神经细胞呈三角形或多角形，可以分为树突（dendrite）、轴突（axon）和胞体（soma）这三个区域。通常一个神经元有一个至多个树突，但轴突只有一条，信号从树突传递进来，到胞体汇总，然后经过轴突传递到周边的神经元。

神经元的基本功能是通过接受、整合、传导和输出信息实现信息交换。神经元可以分为感觉神经元、运动神经元和中间神经元。感觉神经元包括视网膜上能接受光刺激的感光细胞、鼻黏膜上能接受气味变化的嗅觉细胞、味蕾中能接受化学物质刺激的味觉细胞等，它们属于传入神经元。运动神经元则属于传出神经元，它把神经冲动传至肌肉或腺体，从而产生效应，比如，伸手、踢腿等动作就需要运动神经元的指挥。中间神经元则介于前面两者之间，构成中枢神经系统的复杂网络。我们周围的各种信息就是通过这些神经元获取并传递的。

探索 AI 新世界

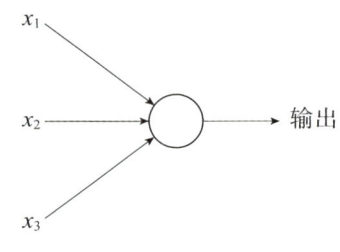

20世纪60年代，科学家提出了最早的"人造神经元"模型，叫作"感知器"（perceptron），直到今天仍在使用。

左图的圆圈就代表一个感知器。对比前面提到的神经元细胞，它接受多个输入（x_1, x_2, x_3……），类似神经元的多个树突，中间这个就是胞体，用于汇总处理信号，最后产生一个输出（output），类似轴突传出信号。感知器的输出结果是一个二元值，只有 1 或 –1 这两种结果（1 代表"是"，–1 代表"否"）。

比如，周末能否去户外活动，主要取决于天气因素，根据以往经验可得出以下数据：

样本	天气	温度	湿度	风力	是否运动
1	晴	热	普通	强	否
2	阴天	暖	高	弱	是
3	多云	暖	高	弱	是
4	暴雨	冷	高	强	否

用一个感知器表示如下：

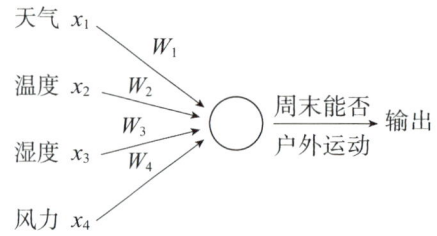

但是不同因素的重要性是不一样的，有的是决定性因素，有的则是次要的。因此，可以对这些因素指定权重（weight），代表它们不同的重要性。在上面那个感知器中，W_1、W_2、W_3、W_4 就表示权重。天气、温度、湿度、风力的值作为输入，随机初始化权重参数，根据以往的结果不断递归训练出一个模型，求出权重参数的合理数值。当你日后要判断能否去户外运动时，只需把当前的天气数据作为输入，就可以通过这个模型得出结果。

针对一件非常简单的事情做决定，单个感知器就可以起到一定的作用，但在现实世界中，做一个决定往往需要考虑很多因素。比如，刚学走路的小孩子要抬腿上一个台阶时，大脑必须综合考虑台阶的高度、离台阶的距离、走路的速度、人体的高度等多个因素，从而对腿部肌肉下达正确的指令，使孩子平稳地迈上台阶。而为了做到这点，大脑需要在不同的场景下反复学习、练习、纠错，才能形成正确的判断。

科学家们认为，在对上台阶这样的事情做判断时，大脑会针对不同角度的输入信息，多层次地综合考虑，最后得到一个决定。类似地，他们所设计的神经网络也可以看成是一个由多个感知器组成的多层网络：多个感知器有多个输出，分成不同的层级，前面一个层级的输出结果将成为下一层级的输入，继续进行判断，经过多个层级以后，最终得到唯一的输出结果，就像下面这张图一样。

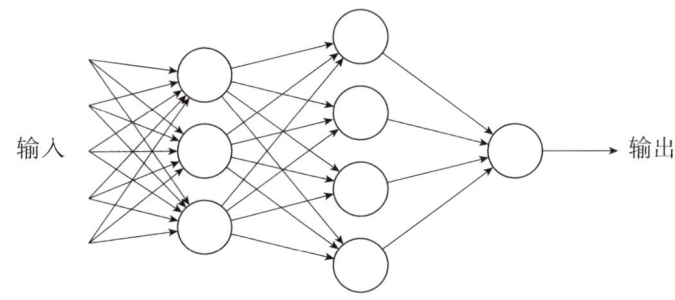

我们都知道，哪怕是成年人，在走得急的时候，也有可能在台阶上摔跤，这说明大脑指挥腿脚完成上台阶这样的动作涉及多方面因素的决定，并不是件容易的事情。多层神经网络也一样，如何把每一层连接起来，以及每一层中的各个感知器应设定一个怎样的权重，都是需要反复试验和研究的。

近年来，神经网络作为人工智能的研究热点之一，广泛应用于图像识别、自动驾驶等多个领域，对这些应用性能的提升起到了关键作用。

群体智能

蚂蚁搬家、鸟群觅食、蜜蜂筑巢……自然界中有许多令人称奇的现象，它们不仅引起了生物学家的兴趣，也让无数计算机学家为之痴迷。受到这些群体中个体之间的相互作用与分布式协同机制的启发，科学家们模仿并设计了许多求解问题的算法，并广泛应用于组合优化、智能控制、规划设计、网络安全等领域，这类算法就称为群体智能算法。

"群体智能"中的群体（swarm）指的是一群无序移动的个体或对象，比如昆虫、鸟或鱼。在自然界中，这些动物群体按照自发合作的方式来寻找食物和构筑巢穴，通过彼此间不断交流信息，在个体无意识的情况下达到群体效率最高，仿佛整个群体有一个统一的智能在规划一样。"群体智能算法"这个词看起来很抽象，实际上就是指科学家通过模仿昆虫或鸟等动物自发合作的行为所研究抽象出来的一类算法。其中应用较广的有蚁群优化算法、粒子群优化算法等。

探索 AI 新世界

蚁群优化算法

> 大家都知道蚂蚁群里有蚁后，但蚁后主要负责产卵繁殖后代，并不能像"中央大脑"那样指挥每只蚂蚁的行动。

大家观察过蚂蚁觅食吗？在蚂蚁出没的地方撒一些饼干渣，没过多久，一只蚂蚁偶然发现了食物，再过一段时间，饼干渣附近已聚集了一群蚂蚁，它们正浩浩荡荡地排着队往蚂蚁洞里搬运食物。蚂蚁的身体很小，它们既不能飞高看远，也不能大声说话，地面对它们来说范围太大了。那么，当一只蚂蚁找到食物后，它如何通知其他蚂蚁沿着正确的路径尽快过来搬运呢？每只蚂蚁作为独立的个体，又是怎样分工合作的？

20世纪90年代，意大利科学家多里戈（M. Dorigo）、马尼佐（V. Maniezzo）等人提出蚁群优化算法。他们在研究蚂蚁觅食的过程中，发现单个蚂蚁的行为比较简单，但蚁群整体却体现出一些智能的行为。比如，蚁群能够在不同的环境下找到最短到达食物的路径，这是因为蚁群内的蚂蚁可以通过某种信息机制实现信息的传递。经过进一步研究，科学家们发现蚂蚁会在其经过的路径上释放一种称为"信息素"的物质（pheromone，这是一种可挥发的化合物），蚁群内的蚂蚁对"信息素"具有感知能力，它们会沿着"信息素"浓度较高的路径行走，而每只经过的蚂蚁都会在路上留下"信息素"，这就形成了一种类似正反馈的机制，一段时间后，整个蚁群就会沿着最短的路径到达食物。

假设现在有两条从蚁穴通向食物的路。刚开始，两条路上的蚂蚁数量差不多，蚂蚁到达终点后会立即返回。距离短的路上的

富有团队精神的蚂蚁

蚂蚁往返一次时间短，重复频率快，在单位时间里往返的蚂蚁数量就多，留下的"信息素"也多，会吸引更多蚂蚁过来，从而留下更多"信息素"；而距离长的路正相反，经过的蚂蚁数量渐渐减少，"信息素"慢慢挥发，随着时间的变化，蚂蚁们选择的路径越来越接近最短路径。科学家们正是利用蚁群进行信息交换和分工合作的原理设计出了蚁群算法。

将蚁群算法应用于解决优化问题的基本思路为：用蚂蚁的行走路径表示待优化问题的可行解，整个蚂蚁群体的所有路径构成待优化问题的解空间。路径较短的蚂蚁释放的"信息素"较多，随着时间的推进，较短的路径上累积的"信息素"浓度逐渐升高，选择该路径的蚂蚁数量也越来越多。最终，整个蚂蚁群体会在正反馈的作用下集中到最佳的路径上，此时对应的便是待优化问题的最优解。

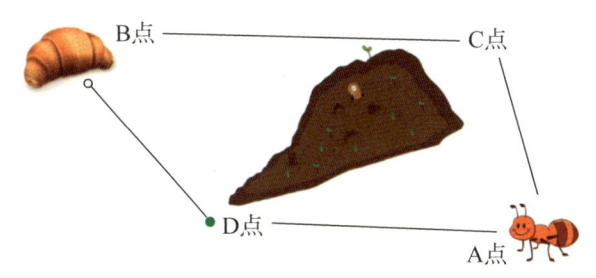

为了帮助大家更好地理解，我们来举个简单的例子。比如，上图这只蚂蚁要从蚁穴所在的 A 点出发，到达食物所在的 B 点，当中有个小土堆挡住了路，蚂蚁可以选择从 C 点或 D 点绕行，这样就出现了两条路径——ACB 与 ADB，每条路径都是一个待优化的可行解，所有可从蚁穴出发到达食物的路径构成了一个解空间。蚂蚁可能选择从 C 点绕行到达食物，也可能选择从 D 点绕行到达食物，经过的蚂蚁都会留下"信息素"。由于从 D 点绕行的距离短，经过的蚂蚁多，留下的"信息素"也多，因此能够刺激更多的蚂蚁也从 D 点经过，这就是一个正反馈强化效应。通过蚂蚁群体的智能筛选，可自动发现一条最短路径 ADB，即最优解。当然，现实生活中的实际问题可能不止两个路径选项，当中遇到的障碍物也不止一个，随着中间节点的增加，路径的选择就会更加复杂，但是通过蚁群算法也能找到最优解。

在实际生活中，蚁群优化算法被广泛应用于车间作业调度问题、资源受限项目调度问题、装货配送车辆路径问题、图像处理等各种场景。在智能制造中，柔性智能车间管控也可运用蚁群算法，协同生产调度和物流调度，实现智能生产和智能物流的无缝对接，消解路径冲突，规划最短路径，进一步提高资源利用率，缩短生产周期，最终提升智能车间的综合效益。

粒子群优化算法

就像蚁群算法是模拟蚂蚁的行为一样，粒子群优化算法 (Particle Swarm Optimization, PSO) 模仿的是鸟群社会。粒子群的最初含义是通过图形来模拟鸟群同步飞行和以最佳队形突然改变飞行方向并重新编队的能力，属于一种基于群体搜索的算法。在粒子群里，每个粒子可以被想象成一只飞行中的鸟，它的运动受其当下的局部最佳位置的影响，同时被引导往搜索空间中的最佳已知位置运动；每当有一个粒子找到更好的位置，所有粒子的位置都需要更新；通过这种方式，整个粒子群的位置将逐步朝着最佳位置迁移，相当于取得了一个最优解。

阳光下的鸟群

我们可以通过一个假想的例子来加深对粒子群算法思想的理解。假定森林里有一群鸟，它们要去寻找食物，每只鸟都不知道食物在哪里，但它知道自己距离食物有多远，鸟与鸟之间可以互相传递消息。鸟 A 距离食物 10 公里，鸟 B 距离食物 5 公里，鸟 C 距离食物 1 公里。那么鸟 A 和鸟 B 应该往哪里飞呢？它们虽然不清楚食物的方向，但肯定知道距离食物越近，发现食物的概率越高，所以它们会尽量往此时距离食物只有 1 公里的鸟 C 的位置飞，这就是群体消息对个体产生的影响。此时鸟 D 也收到了群体消息，打算调整方向，但它突然想起自己刚才在途中经过一个位置 P，这个位置 P 距离食物只有 500 米。那么鸟 D 应该往哪里飞呢？于是鸟 D 把位置 P 的消息发至群体，叽叽喳喳地说，那边似乎离食物更近一点啊！鸟群想想也对，就把位置 P 的信息和鸟 C 的位置信息结合起来一起计算，引导群体里的鸟都往新的位置飞。通过一路上这样不断地纠正信息，群体里所有的鸟最终都到达了食物所在地，这就是粒子群优化算法的搜索过程。整个运算过程又叫收敛过程，就是不断地缩小、调整与目的地之间距离的过程。

粒子群优化算法在电力系统最优调度、机械设计最优化、通信电路优化设计、车辆路径规划、图像处理、生物信息处理及医学诊断中均有着广泛的应用。

进化计算

进化计算，又称演化算法（Evolutionary Algorithms，EA），是多种算法的总称。这类算法产生的灵感都来自大自然的生物进化过程中所遵循的"优胜劣汰"、自然选择和基因遗传机制。进化计算通过模仿生物进化的过程，以遗传过滤后得到的最终结果作为需要解决的问题的最优解，尤其适用于那些难以进行数字建模的复杂组合优化问题的求解。与传统的基于微积分的方法和穷举法等数学模型的优化算法相比，进化计算是一种成熟的、具有高鲁棒性（就是"健壮、靠谱"的意思）和广泛适用性的全局优化方法，具有自组织、自适应、自学习等特性，能够不受问题性质的限制，有效处理传统优化算法难以解决的复杂问题。

进化计算目前包括遗传算法 (Genetic Algorithms)、遗传规划 (Genetic Programming)、进化策略 (Evolution Strategies) 和进化规划 (Evolution Programming) 四种典型方法。其中，遗传算法在日常应用中比较常见，进化策略和进化规划方法的应用也越来越广泛。下面，我们来认识一下最为成熟的遗传算法。

遗传算法主要来源于达尔文进化论中"物竞天择，适者生存"的思想，用计算机模拟种群进化的解空间，通过对这些解空间进行交叉变异，根据适应度进行筛选，并对选出的较优解进一步进行交叉变异判断，如此反复，直到达到预设的停止条件，就输出现阶段的最优解，具体的求解步骤如右图所示。

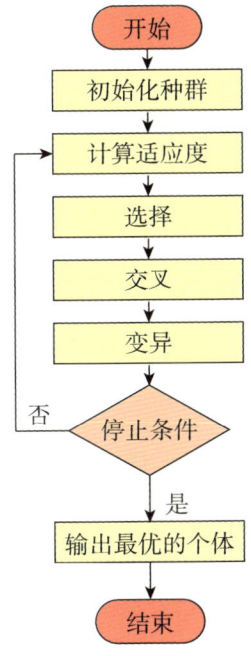

我们可以通过一个假设的例子（如下图所示）来更好地理解这一算法过程。如果要在一座连绵的山脉中找到最高峰，应该怎么做呢？根据遗传算法，我们可以设定山峰越高，食物越多，然后把若干只猴子作为初始化种群，随机撒到各个山头上，让它们自由觅食；同时设定猴子发现食物后会留下不走，且食物越多的地方，猴子繁衍得就越快，猴子的数量就会越多。根据这样的假设，经过一段时间后，通过计算每个山头猴子的数量，我们就可以得出结论，知道最高峰在哪里。

遗传算法与初始化种群规模（猴子的初始数量）、持续时间有着很大的关系。初始化种群规模越大，持续时间越久，猴子的繁衍次数越多，就越容易得出正确的结论，否则结论可能会出现偏差；但这对计算量和计算时间提出了比较高的要求，而且需要对参数进行反复调试，是遗传算法的弊端之一。

假定山峰越高，食物越多，经过一段时间后，统计每个山头猴子的数量，就能知道最高峰在哪里。

专家系统

你将了解：

什么是专家系统

专家系统的发展历程

日常生活中的专家系统

专家系统的定义

专家系统（Expert System），顾名思义，是一个具有大量的专业知识与经验，能够像某领域的专家那样对该领域中的问题作出专业回答的计算机系统。专家系统通过应用人工智能技术和计算机技术，根据某领域一个或多个专家提供的知识和经验，进行推理和判断，模拟人类专家的决策过程，以解决那些需要人类专家处理的复杂问题。简而言之，专家系统是一种模拟人类专家解决不同领域问题的计算机程序系统。

专家系统的发展历程

作为人工智能的一个重要分支，专家系统的发展大致可分为三个阶段：初创期（1971年前）、成熟期（1972—1977年）和发展期（1978年至今）。

初创期

这一时期的代表系统是斯坦福大学的 DENDRAL 系统，该系统内部存储着相当丰富的化学知识，可根据质谱数据来识别分子结构，这个系统标志着专家系统的诞生。同时期另一个较为知名的系统是麻省理工学院的 MACSYMA 系统，它可以求解 600 多种不同的数学问题。

成熟期

这一时期的专家系统已可在实际应用中起到有效的辅助作用，其中最有代表性的是肖特利夫等人设计的 MYCIN 系统，该系统可用于诊断血液感染及脑炎感染，并给出处方建议。同时期另一个非常成功的专家系统是辅助地质学家探测矿藏的 PROSPECTOR 系统，它是世界上第一个取得明显经济效益的专家系统。

发展期

这一时期的专家系统最显著的特点是大量系统被投入真正的商业化运行，并产生了明显的经济效益。一个著名的例子是数据设备公司 DEC 与卡内基梅隆大学合作开发的 XCON-R1 专家系统，它用于辅助 DEC 公司计算机系统的配置设计，每年可为 DEC 公司节省数百万美元。

从 20 世纪 80 年代后期开始，一方面，随着面向对象、神经网络和模糊技术等新技术的迅速崛起，专家系统被注入了新的活力；另一方面，计算机的运用也越来越普及，对智能化的要求也越来越高。专家系统在新技术的支持下得到了更为广泛的运用。

如下图所示，专家系统可视作"知识库"(Knowledge Base) 和"推理机"(Inference Machine) 的结合。

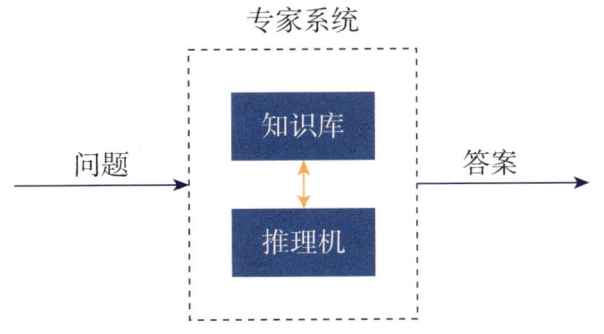

日常生活中的专家系统

在日常生活中，我们其实常常使用专家系统，只不过它们可能并不叫这个名称。现在很多企业的自动客服系统都采用了专家系统的原理——后台服务器先确认你的问题，提取关键词，然后把相关的解决方法告诉你，通过一步步的深入启发，看看最终是否能解决你的问题。

探索 AI 新世界

以中国移动 10086 热线电话为例。拨通后，你首先会听到语音提示："欢迎拨打 10086 客服服务热线。智能助手查流量查话费请按 6，业务查询请按 1，手机充值请按 2，业务办理请按 3，密码服务及停复机请按 4，宽带业务请按 5，集团业务请按 8，人工服务请按 0。"选择不同的按键，就等于通过推理机进入不同的知识库。如果按 1，对方会继续提示："话费查询请按 1，套餐及流量使用情况查询请按 2，账单查询请按 3，分值业务查询与退订请按 4，积分查询请按 5，充值与返还记录查询请按 6，归属地查询请按 7，为其他号码查询请按 8，人工服务请按 0，重听请按 9，返回主菜单请按 # 键。"继续选择按 1，你会听到"短信接收请按 1，语音播报请按 2，139 邮箱接收请按 3，返回上级请按 * 键，返回主菜单请按 # 键"。这个按键输入相当于关键词输入，专家系统根据你的输入再选择相应的问题菜单供你选择，直到你最终找到答案，或转用人工服务。由于系统会收集客户咨询得较多的问题并及时进行更新，因此大部分来电都可通过这个专家系统直接解决，只有小部分特殊情况才会转由人工座席处理，这样不仅能大大减少人工工作量，还能提高服务效率。

网站或 APP 也提供类似的自动问答咨询服务，而且比电话语音问答系统更方便。以上海儿童医学中心提供的智能导诊系统为例（如下图所示）。在"上海儿童医学中心患者服务"微信公众号选择"导诊—智能导诊"菜单，系统会要求你选择"挂当天号"或"去预约"。输入患儿的出生年月后，系统会提示常见病症"发热怎么办""腹痛""咳嗽"，你也可自行输入病症描述；如果选择了"咳嗽"，系统会继续提示选择"发热""流涕""喘息""鼻塞""有痰""声音沙哑"等相应症状；如果选择了"鼻塞"，系统将自动推荐儿内科，同时列出推荐的医生，你可在系统上直接挂号，并预约开好检查单。这一系列操作不仅能缩短你在医院排队的时间，还能引导你找到合适的科室进行挂号。

小依导诊过程

机器学习

你将了解：

什么是机器学习

机器学习的两类研究方向

日常生活中的机器学习

机器学习的定义

从人工智能的发展历史看，机器学习（Machine Learning）是继专家系统之后的又一重要发展方向。经过30多年的发展，机器学习已成为一门多领域交叉学科，其理论基础涉及概率论、统计学、逼近论及计算复杂性理论等。机器学习主要研究怎么模拟和实现人的学习能力，通过自动分析大量数据，从中获得规律和知识，同时在实践中不断增强学习能力，完善对知识的理解，进而运用这些规律和知识去解决一些实际问题。因为学习算法中涉及大量统计学理论，所以机器学习与推断统计学的联系尤为密切，也被称为统计学习理论。

要想明白什么是机器学习，首先要从学习讲起。学习是人类具有的一种重要的智能行为。俗话说："活到老，学到老。"还有一种说法是"学无止境"。那么什么是学习呢？按照人工智能大师西

> 逼近论是数学的一个分支，主要研究用较简单的函数，如多项式、三角多项式等来代替（逼近）较复杂的函数。
>
> 推断统计学，即研究如何根据样本数据推断总体数量特征的方法，是在对样本数据进行描述的基础上，对统计总体的未知数量特征作出概率形式表述的推断。

探索 AI 新世界

> 比如，每天都刷口算题，同时对错题进行订正和归纳，一段时间后，你计算的速度和准确性就会明显提高。同理，如果反复练习写字，日积月累，你的字也会越写越好看。

蒙的观点，学习就是系统在不断重复的工作中对自身能力的提高或改进，使系统下一次执行相同任务或类似任务时，会比现在做得更好或效率更高。大家在学习的过程中是不是也有类似的体会呢？认真反复地练习某一项技能，同时不断地总结规律，就会不断取得进步。

机器学习也是如此，它通过研究计算机怎样模拟或实现人类的学习行为，以获取知识和技能的理论和方法，使机器（系统）可以自适应变化，从而更有效地完成同一群体所执行的相同任务。

机器学习的研究方向

机器学习的研究方向主要分为两类：第一类是传统机器学习的研究，主要研究学习机制，注重探索模拟人的学习机制；第二类是大数据环境下机器学习的研究，主要研究如何有效利用信息，注重从大量数据中获取隐藏的、有效的、可理解的知识。

简单来说，机器学习就是通过分析、学习与某个任务相关的大量数据，总结出其中的规律，从而完成任务。同时，机器学习一般能够根据完成任务过程中获得的反馈和新数据，不断地把规律总结得更准确，把任务完成得更快、更好。根据任务场景和数据的特点，机器学习的思路传统上可大致分为有监督学习、无监督学习和强化学习三大类。近年来，包括深度学习在内的一些新思路在某些任务中表现亮眼，是当下的研究热点。

有监督学习的特点是机器被给予的数据须包括数据标注信息。假设要让机器判断一张图片中是否有猫，那么我们不仅要提供一堆猫和其他动物的图片，还得把这些图片都标注好，比如这张有猫以及猫的位置信息、这张有狗以及狗的位置信息等。由于标注是个非常麻烦的体力活，而且容易出错，必须由人工来操作和核对，代价十分高昂，因此无监督学习应运而生。无监督学习的特点是机器被给予的数据不需要注明特征。比如，同样是找猫的任务，机器自己就能在一大堆图片中总结、归纳出猫的特点。此外，对于某些任务，科学家也会采用介于两者之间的半监督学习来完成。

强化学习与上面两种思路完全不同，它本质上是一个决策制

二、AI的十八般武艺

定问题，即根据机器所在的环境情况做一个尝试性决策，随后根据环境的反馈改进决策，经过一系列决策优化，使机器在某个任务上获得最大的收益。这就有点像当你坐飞机到某个城市时，你并不知道机舱外的温度，只好穿着部分衣服，手里拿着外套出去。如果走了一段后觉得热了，就再脱掉一件；如果进入候机厅觉得空调冷了，就把外套穿上；如果搬行李有点热了，就把外套的纽扣解开。总之，你根据环境的变化和自身的感知，不断地调整操作，使自己达到最舒适的感觉。目前，强化学习在汽车自动驾驶算法等领域表现出色。

自动驾驶汽车正在识别道路标志

日常生活中的机器学习

机器学习在生活中有很多应用，比如图像识别、语音合成、情感分析等。在第二届中国国际进口博览会上，有一家厂商展示了摄像头自动判断垃圾分类的模拟系统（如下图所示），这就是机器学习在计算机视觉领域的应用。当你在指定区域放一个完整的玉米模型时，系统将自动学习并识别出这是食品，属于上海垃圾分类法中的湿垃圾。但如果你放的是一个羽毛球，由于羽毛球主要由鸟类羽毛制成，特征更接近鸟类，因此系统就错误地将其判断为鸟类。由此可见，要提升机器图像识别和分类判断的准确度，并不是一件容易的事。

垃圾分类图像识别软件把
羽毛球误认为是鸟类

探索 AI 新世界

值得一提的是，对具有一定智能的生物而言，这种类似的任务其实也并不容易，尤其是在环境和数据条件发生变化的情况下。右图是一张老鹰追赶无人机的照片。千百年来，老鹰在捕食时形成了一种条件反射：在空中飞翔且体积比它小的"动物"（其他鸟类）都可以抓来做食物。没想到这一自然界的捕食规则竟然也有失效的一天，当无人机盘旋在空中时，老鹰误把它也当作了猎物。

老鹰盯上无人机

因此，无论是计算机还是老鹰，都需要在更多的执行任务的过程中，设法增强算法的能力。比如，增加判断的特征维度，除了是否出现在空中、是否正在飞行、体积是否和鸟类相似、是否能够被捕获之外，还应额外增加学习规则，包括是否有螺旋桨、是否有支架等不同于鸟类的无人机特征，这样才不会把无人机和鸟类混淆起来。

什么是深度学习

深度学习（Deep Learning）是机器学习领域中一个新的研究方向。前面我们聊过人工神经网络，神经网络由一层一层的神经元构成，层数越多，网络就越深。所谓深度学习，就是通过多层神经元构成的神经网络实现机器学习的功能。从理论上说，如果一层网络就是一个函数，那么多层网络就是多个函数的嵌套，层数越多，表达能力越强（越接近目标），但随之而来的训练复杂度也大幅提升。

在第一部分的 AI 发展大事记中，我们提到 2012 年时任斯坦福大学人工智能实验室主任的吴恩达和谷歌合作，用 1.6 万块电脑处理器构建了当时最大的神经网络（参数高达 17 亿），并通过向其展示从网络上随机选取的 1000 万段视频，采用无监督学习方式，即不进行人为的图片标注，让机器自己从大量原始数据中磨砺出算法，进行区分和识别。最终，这个神经网络自主学会了识别猫的面孔，这是人工智能研究领域的一次突破。后来，吴恩达又在斯坦福大学主导了一个更大的神经网络（参数高达 112 亿），据说他之后在百度主导的神经网络规模比这个还大。

深度学习的发展离不开算力（芯片处理计算速度）、算法（不断优化的程序算法可以优化程序执行速度）以及数据（需要超大规模的训练数据集）的发展。

深度学习目前广泛应用于在线广告推荐（推荐的广告符合顾客的需要并触发顾客点击是成功的标志）、图像识别、自然语言理解（语音识别及文本翻译）以及自动驾驶领域（汽车需要通过摄像头拍摄的照片、视频及雷达信息，判断识别周边的物体，比如红绿灯、垃圾桶、行人及其他汽车等）。

自动规划

你将了解：

什么是自动规划

日常生活中的自动规划

科研工作中的自动规划

自动规划的定义

自动规划（Automated Planning），也常被称为智能规划（Intelligent Planning），是人工智能领域中一种重要的应用求解方法，它的主要作用是在复杂的环境条件下，找到可以实现某个目标的具体步骤和方法。比如，在有行人、红绿灯、十字路口以及很多其他车辆的马路上（复杂的环境条件），要想让一辆汽车实现自动驾驶（某个目标），就需要借助自动规划的技术来寻找某种可行的算法（具体步骤和方法）。自动规划经常被用于帮助制定工厂生产计划或物流配送方案、使机器人或自动驾驶车辆可以自主决策等，在运筹学、管理学、机器人学等研究领域有着广泛的应用，也是人工智能近年来的研究热点之一。

日常生活中的自动规划

根据拟解决问题的特点，自动规划可分为任务规划、路径规划、轨迹规划等，日常生活中最常见的就是路径规划。以我们常用的百度地图为例。如果你想去某个地方，可直接输入地址，再

探索 AI 新世界

准备工作的扫地机器人

选择交通工具的类型（是驾车还是公共交通），它就会根据当前路况和历史数据，帮你自动规划不同的路线，并预估所需的时间及费用。

扫地机器人也是自动规划实际应用的一个例子。扫地机器人在到达家里之前，对家里的面积大小、房间布局及障碍物分布等一无所知，那么它是怎么知道该打扫哪些地方，并自动回去充电的呢？这就需要机器人根据自身传感器对环境的感知进行路径规划，找到一条最省电的最优路径来覆盖家里地面的每一个点，并实时预估自身剩余的电量及和充电器的距离，在电量不足时及时返回充电。

随着技术的进步，家用扫地机器人的自动规划算法也在不断地更新升级。最初的扫地机器人（美国 iRobot 公司研发的 Roomba 系列）采用随机碰撞模式，依据的是红外传感器和高精度的程序算法，但这并非指机器人真正与环境中的物体产生碰撞，或毫无章法地在地板上随机移动。机器人根据一定的移动算法，如三角形、五边形轨迹（如下左图所示），尝试性地覆盖作业区，一旦遇到障碍，则执行对应的转向函数。这种方法是一种以时间换空间的低成本策略，如果不计时间，可以达到相当高的覆盖率。不足之处在于虽然算法足够精确，但效率并不高，需要耗费较长的时间才能打扫完房间，而且容易有遗漏。

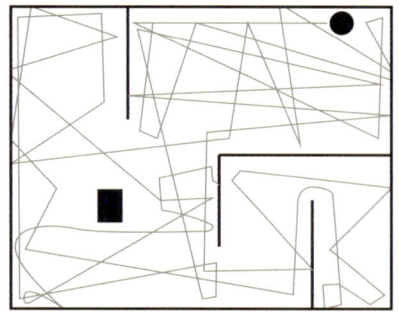

随机碰撞模式移动算法

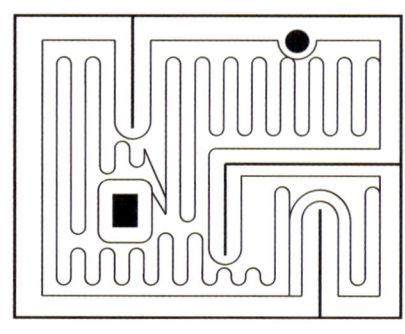

弓字形移动算法

新一代的规划式扫地机器人工作时分为定位—构图—规划—清扫四个环节。它先利用导航定位系统记住起点和清扫路径的坐标，然后构建环境地图，同时计算规划清扫线路，最终结合自身的算法进行清扫，确保不跑偏。新一代的扫地机器人基本都是用弓字形方式进行清扫（如上右图所示），可以做到尽量全覆盖，清扫的效率比之前的产品提高了很多。

科研工作中的自动规划

目前自动规划应用最热门的研究领域当属汽车自动驾驶技术。在无人驾驶的情况下，自动驾驶程序不仅要像百度地图一样规划前往目的地的基本行驶路线，还要判断预测路口或高速出口位置，做好提前变道和转弯的准备。更重要的是，程序须随时监测周边环境，为随后 3—5 秒内可能发生的情况作出规划，比如前方的红绿灯情况、是否有行人横穿马路、周围车辆的行驶情况等，这样才有可能像人类司机一样，及时发现、预测隔壁车道的车辆正准备并道超车，从而及时采取制动减速等措施。

航天也是自动规划大显身手的领域。由于在外太空，现场环境难以预测，再加上距离遥远，很多时候难以远程实时遥控操作，这时就需要航天设备能够根据周边环境的变化动态地规划任务。比如，哈勃望远镜就同时配备了短时规划和长期规划两套计算机系统，在月球探测计划和火星探测计划中涉及的登陆机器人也配备了地形监测和路线规划系统。

2019 年 1 月 3 日 22 时 22 分，"嫦娥四号"探测器的月球车——"玉兔二号"完成与着陆器的分离，首次实现月球背面着陆，成为中国航天事业发展的又一座里程碑。

自然语言处理

你将了解：

什么是自然语言处理

自然语言处理的研究范围

日常生活中的自然语言处理

自然语言处理的定义

自然语言处理（Natural Language Processing）是研究如何实现人与计算机之间通过人类自然语言进行交互的理论和技术，重点研究如何使计算机更有效地处理和分析大规模自然语言数据集。自然语言处理研究的理论基础涉及计算机科学、人工智能、语言学、信息工程等学科。

为了更好地理解什么是自然语言处理，首先要对人类自然语言的构成有个基本的认识。人类的自然语言包含语音、词语和语法三个基本要素。日常的语言以词语为基本单位，多个词语根据一定的语法规则构成有语义、可理解的语句。而词语又通过语音和文字的形式表现出来，不同语言（汉语、英语、西班牙语、日语、德语、法语等）之间的语音和文字不尽相同。

计算机要想掌握自然语言处理，势必会碰到许多不同层面上的困难和问题。首先，要能根据语音和文字识别出单字和词语，这对计算机来说并不是一件轻松的事情。语音方面，可能会受到同音字的困扰，比如"试试"和"逝世"；而文字方面，则存在形近字，比如"日"和"曰"。其次，要能够从整句话中完成对词语的切割，这时除了规则语法之外，还要考虑成语或固定搭配等特殊情况。而对于汉语这类语言来说，分词则更为困难。我们可以看个有趣的例子——"咬死猎人的狗"，按照不同的分词方法，可以分解出多种不同的意思。最后，还要能够理解语句背后的含义，这时的一个典型难题是要能够结合上下文和文化背景等来消除歧义。可以看一下这个例子——"我们这儿的疫情快完了"，根据不同的语境，可以得出截然相反的意思。还有一个简单的例子——"中国乒乓球队大胜美国队"和"中国乒乓球队大败美国队"，这两句话表达的意思都是中国乒乓球队赢了，但机器要理解内在的含义就比较难。再举一个例子，比如"今天下雨路滑，我骑车差点摔倒，幸亏我一把把把把住了"。在这句话中出现了很多"把"字，机器如果不了解其中一个"把"字是"车把"的意思，也是很难理解这句话的。

一般来讲，自然语言处理的步骤主要分为6步：1. 获取原始文本；2. 对文本进行预处理；3. 分词：将文本按词语切分；4. 词法分析：对词语进行词性标注（可以标为：名词、动词、形容词、副词、介词）；5. 语法分析：分析句子的语法结构（句子可以表示为：主语、谓语、宾语、定语、状语、补语等句法元素）；6. 语义分析：将句子的语义信息表达出来（找出句子中谓词的施事者和受事者等语义角色，例如"孙悟空在东海龙宫抢夺了金箍棒"，核心谓词是"抢夺"，施事者是"孙悟空"，受事者是"金箍棒"，地点是"东海龙宫"）。

自然语言处理的研究范围

自然语言处理的研究范围非常广，总体上大致分为语音识别、自然语言理解、自然语言生成这几方面。具体而言，包括语音识别（speech recognition）、机器翻译（machine translation）、自动文摘（automatic summarization）、句法分析（syntax parsing）、文字识别（optical character recognition）、文本分类（text categorization/document classification）、信息检索（information retrieval）、信息抽取（information extraction）、信息过滤（information filtering）、自然语言生成（natural language generation）、中文自动分词（Chinese word segmentation）、语音合成（speech synthesis）、问答系统（question answering）等。下面，我们选取日常生活中最容易接触到的几类作简单介绍。

语音识别又叫自动语音识别，是指计算机将人类语音转变为对应的文本或命令的技术。语音识别的应用包括语音拨号、语音导航、室内设备控制、语音文档检索以及简单的听写数据录入等。

机器翻译，是指借助计算机程序把文字或演讲（语音）从一种自然语言自动翻译成另一种自然语言的技术。机器翻译的应用包括在线字典、在线翻译、计算机同声传译等。

自动文摘，是指计算机对指定文章的内容进行理解后自动生成摘要的过程。自动文摘的应用主要包括搜索引擎中网页内容摘要的生成、问答系统的知识融合、舆情监控系统的热点信息聚合等。

探索 AI 新世界

文字识别，是指计算机自动识别手写体或印刷体文本并将其电子化的过程。文字识别的应用包括现有书籍文档的电子化、作业试卷的自动识别等。

日常生活中的自然语言处理

使用手机的语音识别功能

自1954年第一个实验性的机器翻译系统问世以来，经过科学家们半个多世纪的努力，自然语言处理技术在最近20年取得了明显的突破，在很多方面的发展已进入实际应用阶段，并出现在我们的日常生活中。

在语音识别方面，我们可以和Siri、Cortana等语音助手对话。很多手机APP的使用场景，包括在淘宝搜索商品、在大众点评搜索饭店、在百度地图搜索地址都接受语音输入。当你在微信收到一条语音记录时，长按这条记录，选择"转文字"，应用就能自动帮你识别为文字显示输出。

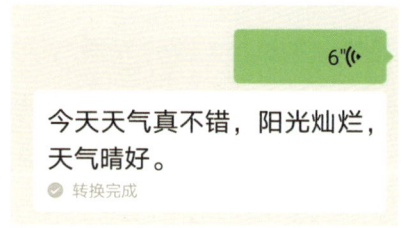

在机器翻译方面，谷歌翻译、百度翻译、网易有道词典等都提供在线翻译功能。

国内自然语言处理龙头企业科大讯飞推出的翻译机还可提供中文与58种外语实时互译，以及国内五大方言语音识别和民族语言翻译。当然，翻译机目前还存在一定的短板，即翻译及语音识别时必须指定正确的语言类型，只有加载对应的语言识别包后才能正常翻译。比如，当你使用普通话模式时，它对普通话的识别率很高，使用上海话模式时，对上海话的识别率也不错，但如果你在使用普通话模式的情况下说上海话，它所识别出来的可能就不是你想表达的内容。也就是说，翻译机目前还不能自动辨别输入的语音属于哪种语言或方言。

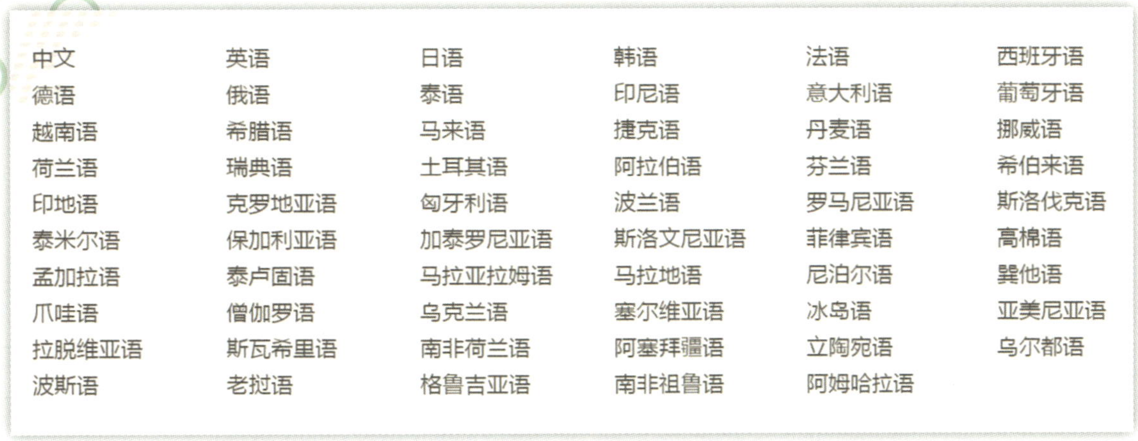

中文	英语	日语	韩语	法语	西班牙语
德语	俄语	泰语	印尼语	意大利语	葡萄牙语
越南语	希腊语	马来语	捷克语	丹麦语	挪威语
荷兰语	瑞典语	土耳其语	阿拉伯语	芬兰语	希伯来语
印地语	克罗地亚语	匈牙利语	波兰语	罗马尼亚语	斯洛伐克语
泰米尔语	保加利亚语	加泰罗尼亚语	斯洛文尼亚语	菲律宾语	高棉语
孟加拉语	泰卢固语	马拉亚拉姆语	马拉地语	尼泊尔语	巽他语
爪哇语	僧伽罗语	乌克兰语	塞尔维亚语	冰岛语	亚美尼亚语
拉脱维亚语	斯瓦希里语	南非荷兰语	阿塞拜疆语	立陶宛语	乌尔都语
波斯语	老挝语	格鲁吉亚语	南非祖鲁语	阿姆哈拉语	

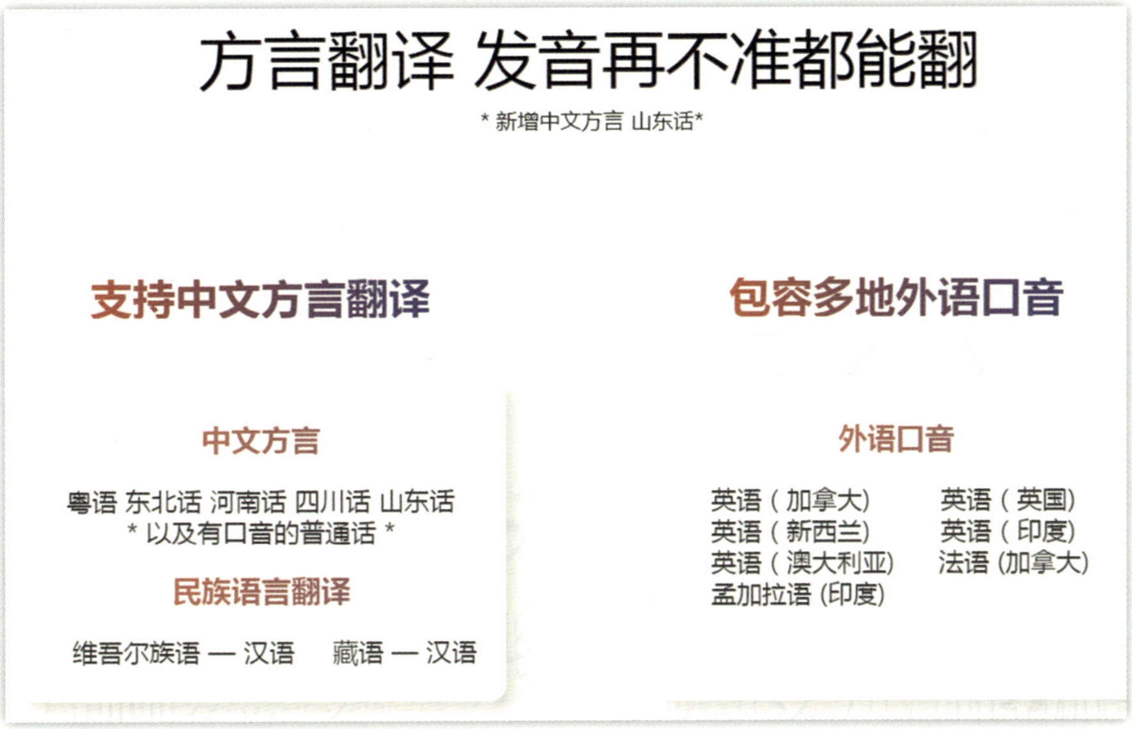

方言翻译 发音再不准都能翻
新增中文方言 山东话

支持中文方言翻译

中文方言

粤语 东北话 河南话 四川话 山东话
* 以及有口音的普通话 *

民族语言翻译

维吾尔族语 — 汉语   藏语 — 汉语

包容多地外语口音

外语口音

英语（加拿大）　英语（英国）
英语（新西兰）　英语（印度）
英语（澳大利亚）法语（加拿大）
孟加拉语（印度）

在自动文摘方面，搜索引擎提供的网页摘要和新闻聚合是大家最熟悉的应用。比如：搜索"自动文摘应用"（如下页左图所示），搜索引擎展示的搜索结果会同时显示网页内容的摘要信息，方便用户快速检索；搜索"武汉暴雨红色预警"等热点新闻（如下页右图所示），搜索引擎则会显示相关新闻的聚合结果。

探索 AI 新世界

在文字识别方面，大家比较熟悉的应用场景有名片识别、口算题自动批改等。举个简单的例子，你做口算题时是否用过"爱作业"APP（如下图所示）？只要对着做完的口算题拍一张照片，它就会自动批改作业。要实现这个功能，人工智能软件首先要识别出印刷体形式的题目，然后计算出正确的答案，再和识别出的手写答案进行比对，如果相同就判断"对"，如果不同就判断"错"。

"爱作业"APP 口算题自动批改示例

3 看 AI 七十二变

智慧酒店

你将了解：

智慧迎宾

智慧管家

智慧服务

2019年6月，杭州新开了一家"未来酒店"，很多家长都带着孩子慕名前往，就连不少外国人也不惜坐飞机赶来体验。那么，和我们日常熟悉的酒店相比，它有什么特别之处呢？

温馨迎宾不见人

进入酒店后，你无须像往常一样到前台接待处找工作人员办理入住，一个约一米高的小机器人会自动来到你的面前，对你进行人脸识别，并带你走到自助入住机前，帮你办理入住登记。

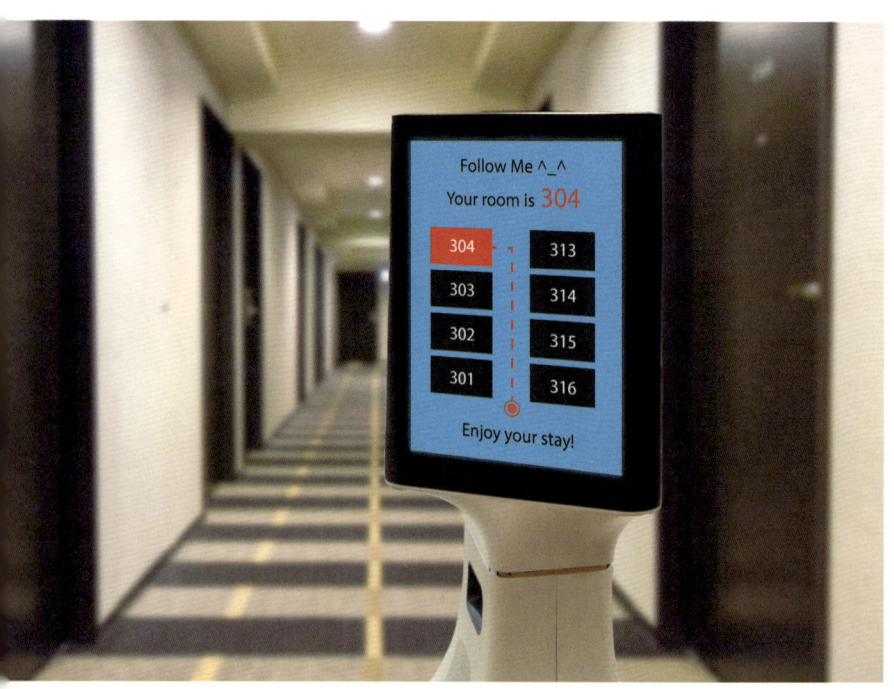

迎宾机器人

三、看AI七十二变

自助入住机可以自动识别身份证、护照等证件。身份验证成功后，你的手机会收到一串确认码，输入确认码后就算是成功入住，时间仅需短短一分钟，比其他酒店人工办理入住的时间缩短了很多。

入住登记完毕后，小机器人会带着你走到电梯口。乘电梯也靠人脸识别，你甚至不必按键，只需抬头看一眼屏幕，摄像头能自动识别出你是哪个楼层的客人，然后电梯就会直接把你送到相应的楼层。到了房间门口，也不需要掏钥匙或刷门卡，还是靠人脸识别，对着门口的摄像头扫描确认身份，房门就会自动打开欢迎你入住。

隐形管家伴身边

入住酒店后，房间里的一切都可以通过"天猫精灵"来操控，仿佛你的身边有一个看不见的贴心管家。如果你想调节房间灯光明暗、打开或关闭窗帘、打开电视搜索节目，都可以用语音进行控制。你还可以通过它直接点餐，送餐机器人会把你点的菜直接送到房间门口。而离店时，你只需在手机上点击"退房"，系统就会自动弹出消费账单，得到确认后挂钩支付宝扣款，整个过程真正做到了无感支付。

除此之外，酒店其他区域的各项服务也很特别。比如：健身房拥有全息沉浸式互动健身大屏幕，仿佛为你配备了专属的"健身教练"；在餐厅和大堂，做冰淇淋和鸡尾酒的都是智能机器人，它们可以像人类员工一样，根据你的要求做出美味的菜品，分量和比例甚至比一般的人类员工还精确，送餐员也都是萌萌的小机器人，别提有多可爱了。

当然，如果你在体验过程中遇到了什么麻烦，还是需要请酒店员工出马帮忙解决。比如，有顾客评论称"我们发现，当你从机器人箱子里取食品时，如果速度不够快，它会关上并离开，如果再想取食品就要请人类员工介入了"，还有顾客评论说"在房间里和天猫精灵说'关闭窗帘'，它能听懂，但是说'拉上窗帘'，它就听不懂了"。最重要的是，如果你没有支付宝账号，入住这家酒店时就会感到非常不方便，因为酒店的一切服务都和支付宝账号挂钩。

 想一想

这家未来酒店用到了哪些人工智能技术？在这些技术和应用中，又有哪些可以引入我们的日常生活呢？仔细地想一想，并认真地研究一下实现的办法，没准你很快就能在家体验未来生活啦！

69

智慧机场

你将了解：

智慧停车系统

智慧值机系统

智慧行李托运

2019 年 9 月 25 日，北京大兴国际机场正式投入运营，它是全球规模最大的机场之一，拥有世界上面积最大的单体机场航站楼。大兴机场一期总占地超过 27 平方公里，相当于 63 个天安门广场，其美学、设计及应用的科技都超出了人们的想象。整个屋顶与地面的连接只用了 8 根柱子，屋顶使用的上千块玻璃中没有两块是一模一样的。在它投入使用之前，世界各地的媒体就给予了很大的关注，英国《镜报》甚至惊叹，北京的这个新机场就像从科幻电影里走出来的。

那么北京大兴机场到底有什么特别之处呢？

首先，它的外形很特别。从空中俯瞰，大兴机场犹如"凤凰展翅"，这种结构是为了让旅客能够从中心迅速抵达四周。细细看去，大兴机场中间犹如凤凰脊背的位置，是旅客办理值机和行李托运的主航站楼，相当于 25 个标准足球场的大小，它的内部

> 大兴机场由英国著名女建筑师扎哈·哈迪德设计，也有不少人认为它更像"海星"。

三、看 AI 七十二变

空间足够大，甚至能完整地装下一座水立方。主航站楼四周依次排开的五条指廊呈放射状，是旅客通过安检后休息及登机的地方。最中间的那条指廊连接着工作区和服务区，设有酒店等服务设施。相比首都机场 T3 航站楼的"一"字形设计，大兴机场的"五指廊"设计大大缩短了旅客的步行时间——从出发层到最远的登机口只有 600 米，仅需步行 8 分钟。除此之外，机场中还用到了很多最新的人工智能技术，如智慧停车、智慧值机等。

> 大兴机场之所以建得这么大，是因为其年规划客运量达 4500 万人次，6 年后将变成 7200 万人次。

轻松停车零负担

相信很多人都有这样的烦恼：到机场停车，光找停车位就得费好大劲，好不容易找到空位，还不一定能停进去，停好车后还得努力记住自己把车停在哪里，说不定还得拍张照片帮助自己记住停车位编号，这样取车时才能找到准确的停车区域。但在大兴机场，你只需把车子交给智能停车机器人，这些烦恼就都能迎刃而解。

大兴机场航拍全景

探索 AI 新世界

随时随地，停车机器人在车库等你（丽亭智能 供图）

在大兴机场智能停车点，你可将车直接开入宽敞明亮的特定停车站，而不用自己到处找车位。停车站设计合理，通常位于停车场入口处，大大减少了车主的步行时间；无论是 SUV 车还是小型车，车门都可轻松打开，不必担心会剐蹭到旁边的车辆。你在停车站确认了车辆信息后，拿好停车凭证即可离开，后续的停车工作可交由智能停车机器人完成。要取车时，你可通过手机 APP 或自助机预约取车时间及取车位置，当然也可随时取消或更改预约，一键取车，轻松便捷。当你来到预约的停车站时，车子早已静静等候，你只需拿出车钥匙驾车离开，而不用苦苦寻找车子停放的位置，也不用排队等待车库管理人员帮忙安排取车，所有环节都由停车系统自动安排机器人操作完成，省时、省心又省力。

右图是智能停车机器人正携带一辆汽车找到合适的位置。它不仅具备超强大脑，具有激光定位、实时通信、障碍检测、车辆检测等技术手段，还拥有强劲的臂弯，能够自动识别车辆大小，做到随车变形、最佳匹配。整个停车机器人系统对场地要求低，改造难度小，可大幅提升场地空间利用率，目前已在大兴机场 P2 停车楼地面一层投入使用。

停车机器人智能护航，快速停车（丽亭智能 供图）

三、看 AI 七十二变

能刷脸就不动手

据报道，东方航空公司已在大兴机场引入人脸识别系统，乘客通过刷脸值机机器就可办理登机手续，所有信息都会发到手机上，不仅省去了打印纸质登机牌的环节，还减少了重复排队的时间，大大提高了办事效率。

人脸识别系统还被用于乘客航班信息查询电子公告牌。以前乘客费好大劲才能在电子公告牌大屏幕上找到自己的航班信息，现在摄像头可以通过智能识别乘客，自动将乘客所搭乘的航班信息显示在屏幕上。

行李也有身份证

东航在全国率先推出的 RFID（Radio Frequency Identification，又称无线射频识别）电子行李牌不仅可以反复使用，还便于乘客随时查看行李的实时状态和位置，就像平时查看快递的动态一样。2019 年，东航承运了约 5000 万件行李，仅打印纸质行李牌一项，就需要 28 万吨纸张。换成电子行李牌后，东航每年可节约 2000—3000 万元的经营成本，减少纸张的使用也使出行变得更加环保。

东航的 RFID 电子行李牌

 想一想

智慧停车系统应用了前文介绍过的哪些人工智能技术？人脸识别应用的又有哪些？

智慧医疗

你将了解：

智能影像读片

电子病历管理

智慧家庭健康

CT影像（Computed Tomography）指计算机断层扫描，利用精确准直的X射线束、γ射线、超声波等，与灵敏度极高的探测器一同围绕人体的某一部位进行一个接一个的断面扫描，具有扫描时间快、图像清晰等特点，可用于多种疾病的检查。

依图AI助力新冠肺炎影像识别

日前，由依图医疗开发的新型冠状病毒肺炎智能影像评价系统在上海市公共卫生临床中心上线，投入抗击新冠肺炎疫情的一线战斗之中。

该系统采用创新的人工智能全肺定量分析技术，为临床专家提供基于CT影像的智能化新型冠状病毒性病灶定量分析及疗效评价等服务，更为高效、准确地为临床医生提供决策依据，助力疫情防控。

（《上海科技报》，2020年2月18日）

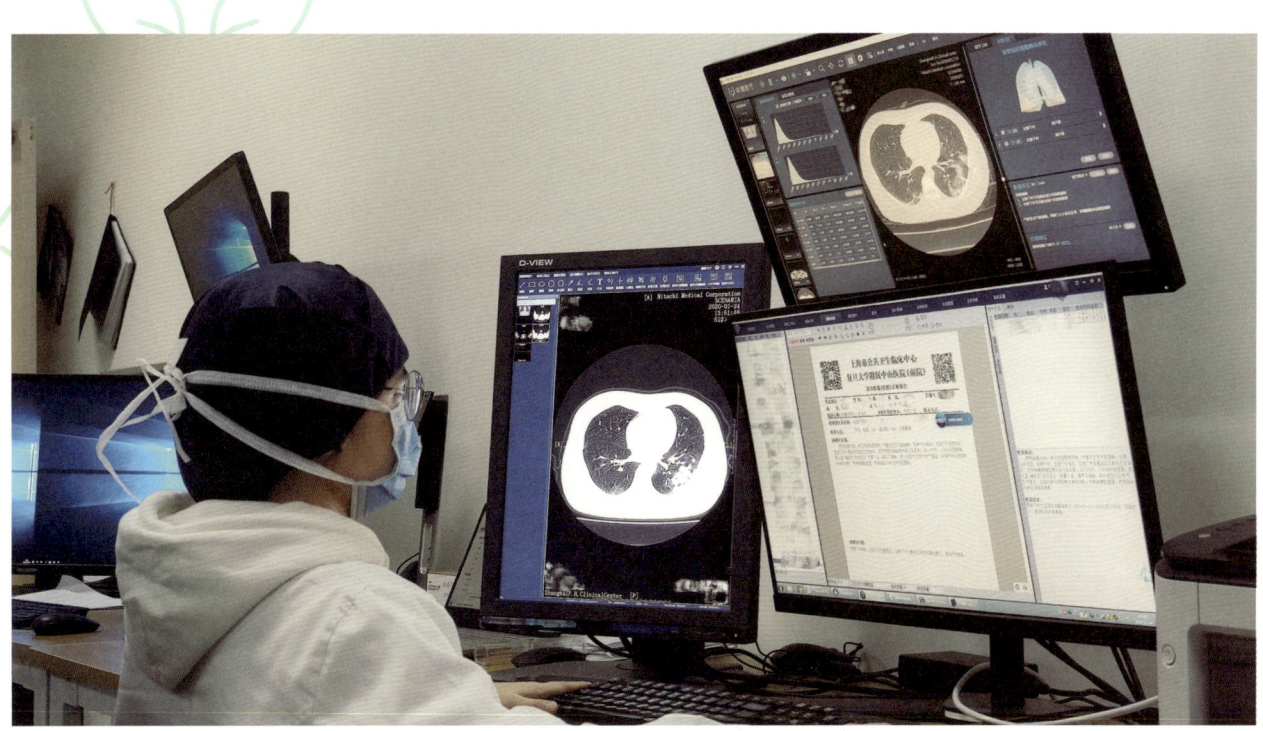

依图智慧CT（杨浦东/摄）

CT扫描的影像图片过去都由影像科医生人工解读，查阅速度慢，数据量大，每个病人光一个部位的扫描图片就有几十到几百张，要一张张仔细查询，不仅需要极大的耐心，还得注意观察各种疾病的图像症状表现。现在很多医院已经引入人工智能读片系统，它能不知疲倦地搜索大规模医疗影像图片的信息，速度相当快，准确率也较高，既可作为医生诊断的辅助支持，也可作为医学院学生和年轻医生的培训工具。

人工智能读片系统属于智慧医疗的一种具体表现。智慧医疗是一种在医疗数据中心的基础上构建，以电子病历、居民健康档案等医疗数据为核心，综合应用物联网、人工智能、云计算及大数据等现代信息技术，从而实现高效化、规范化、专业化、便捷化以及人性化的健康信息管理体系，主要包括智慧医院管理系统、智慧区域卫生系统和智慧家庭健康系统三部分。

两手空空去医院

智慧医院管理系统主要用于医院内部管理。过去我们去医院看病总要带一本纸质的病历本，医生往往会在上面手写病史、药方及检查项目等，而这些手写字体通常字迹潦草，难以辨认。

随着近年来医院信息系统（Hospital Information System，HIS）的建设，越来越多的医院开始采用电子病历。也就是说，医生只需在系统中填写病情介绍及开药、检查情况，然后直接将病历本放入专门的打印机打印输出，这样病人再也不用担心看不懂医生的字了，复诊或转诊时，

探索 AI 新世界

其他医生也能对之前的诊疗过程了如指掌。

除此之外,智慧医院系统还包括实验室信息管理系统(Laboratory Information Management System,LIMS)和医学影像信息的存储系统(Picture Archiving and Communication Systems,PACS)。这两个系统主要用于解决各种检查化验结果的信息化存储与检索,比如验血、验尿、验便的各种指标结果数据,以及 X 光片、CT 检查、核磁共振检查等影像数据。同时,智慧医院系统还需要实现与区域卫生系统、社会保险事业管理中心及银行、保险等机构之间的信息交换,包括人员信息、医保信息、疾病信息、付费信息等数据。

有了这些系统的帮助,病人将来可以真正做到两手空空去医院,再也不用带纸质病历本和一堆检查报告了。

天下医院是一家

中国移动 5G 远程医疗助力战"疫"一线

2 月 9 日,中国移动助力解放军总医院与武汉火神山医院实现首例危重症远程会诊。利用部署在火神山医院感染科两个病区内的医疗推车与解放军总医院云视讯设备,北京解放军总医院的医疗专家以高清视频连线的形式,实时为远在 1200 公里外的武汉火神山医院提供指导和支持,实现专家 24 小时远程备勤联系。

"5G 远程医疗系统"是中国移动以 5G 科技助推医疗行业智能化发展的重要应用。在支援武汉抗疫的行动中,中国移动用 3 天时间建设完成了包括火神山医院 5G 网络在内的各类通信、医保和卫生专网建设。这个系统充分发挥了 5G 网络大速率、低时延的优势,实测下行速率超过 1Gbps,上行速率超过 100Mbps,响应时延低于 15 毫秒。即使是在北京与武汉之间的超远距离连接,也能实现高清流畅的视频效果,确保优质的医疗资源随时可以集中投送到火神山医院。为做好危重症患者救治支援保障工作,解放军总医院专门组建了远程指导会诊组,涵盖重症、呼吸、感染等多个学科。6 位解放军总医院的医疗专家在北京可以通过"5G 远程医疗系统"24 小时备勤,对疑难、危重疾病开展专业高效的诊治。

(《人民邮电》报,2020 年 2 月 14 日)

通过智慧区域卫生系统,多个医院之间不仅可以共享检查和诊疗数据,还可以开展区域流行病分析调查工作。过去我们在一家医院做了检查,如果换一家医院看病,就需要带上纸质的检查单或打印的影像照片供医生查看。目前上海正在推行的医疗数据共享，就是为了实现医院之间电子病历、检查结果与影像数据的共享，达到不同医院的检查结果互信，减少病人重复检查的费用和等待时间，同时提高医生之间信息交换的准确率和效率。

公共卫生健康系统因其专业特性，需要分层分级连接各个医院，收集不同医院的病例信息进行汇总对比，从而得出流行性疾病的暴发情况，以便及时提出预警，为政府决策提供数据支持。以2019年底的新冠肺炎或冬季常见的流感为例，医生发现相关病例后会在系统中进行填报，当相关数据同时汇总到省市及国家疾控中心后，疾控人员就能清楚地查看到当前区域（全区、全市乃至全国）的疾病流行情况，并及时采取相应措施，确定相关地区的应急响应级别。

在家也能保健康

智慧家庭健康系统包括针对行动不便无法送往医院救治的病患的视讯医疗，对慢性病及老幼病患的远程照护和监管，对智障、残疾、传染病患者等特殊人群的健康监测，也包括自动提示用药时间、服用禁忌、剩余药量等的智能服药提示系统等。

另外，还包含针对个人的辅助支持产品，比如智能假肢手（如右图所示）。与一般的假肢不同，智能假肢手可最大程度地还原真实人手，每根手指由一个电机驱动，每个关节均能自动调节，与我们原来的肢体功能更为接近。由于人动的时候肌肉也会运动，因此假肢手可通过固定在上肢的传感器，集成肌电信号采集、抓取动作意图肌电解码，从而识别出相关的动作，随之做出相应的动作。对于肢体残障人士来说，智能假肢手的作用不再仅限于美观，更可通过"意念"控制，真正实现"如臂使指"的效果。

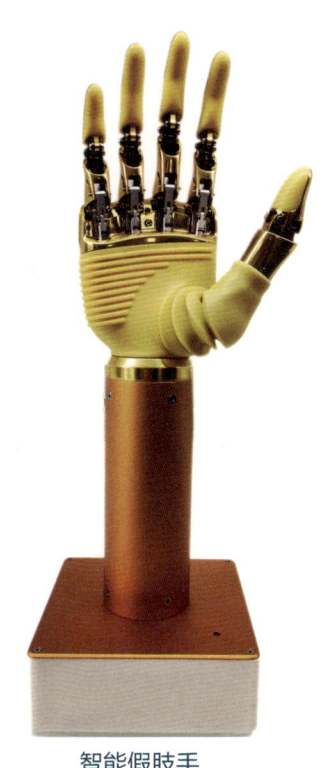

智能假肢手

 想一想

请结合第二部分的知识点想一想，人工智能系统是怎样识别新型冠状病毒肺炎CT影像图片的特征的？

智慧养老

你将了解：

智慧健康监护

智慧行走辅助系统

智慧情感陪护

根据国家统计局统计，截至 2019 年末，中国大陆总人口首次超过 14 亿，其中 60 周岁及以上人口 25388 万人，占总人口的 18.1%，65 周岁及以上人口 17603 万人，占总人口的 12.6%。按照联合国的标准，一个地区 60 岁以上老人达到总人口的 10%，或 65 岁老人占总人口的 7%，即可视该地区进入老龄化社会。我国 2000 年已正式进入老龄化社会，据专家预测，至 2050 年，我国老龄人口将达到总人口数的三分之一。目前，全社会都在积极探索如何更好地解决养老问题。借助人工智能技术，不少家庭和社区开始尝试实践智慧养老，其中很多功能都离不开智慧家庭健康系统的支持。

远程护士不离身

对于老年人来说，不管是否有慢性病，基础健康数据的日常持续监测都是很重要的。在物联网技术的帮助下，如今家庭医生和护士可以远程实时了解居家老人的基础健康数据及其生活环境状况。下面是一些常见的可用于老人远程监护的设备：

健康数据传感器

老人手上戴的手环或指间监控器可定时采集血压、心跳、血糖、血氧饱和度等数据，通过物联网传输至家庭监护人或社区养老机构管理人员处，使他们及时了解老人的健康状况。一旦出现异常情况，设备会及时发出警告，便于监护人或管理人员迅速采取干预和救助措施。

定位仪

手环上附定位设备，老人只要戴上它，无论走到哪里，控制中心都能知道。如果遇到危险，只要按下开关，护理人员就会及时赶到。对于某些失智的老年人，这种定位设备可让家属随时掌握老人所在的位置，再也不必担心老人走失了。

环境数据传感器

比如，智慧床垫具备压强传感器和温湿度传感器，可提供体重感应及温湿度感应。当夜里老人离开床垫时，床垫感应到体重发生明显变化，便会立刻通过无线网络发出警报，提醒护理人员及时留意，避免老人意外摔下床；温湿度传感器则可感知床垫是否干燥，一旦出现尿湿的情况，就会及时发出警报，提醒护理人员更换被褥。

返老还童健步走

很多老年人因膝关节老化等因素，在日常步行特别是爬坡时比较吃力。目前很多公司都在研究智能辅助行走系统，通过穿戴式支撑装置、电脑控制系统及动态感应器，模拟骨骼框架系统，带动使用者的大腿及小腿，做出交替的自然行走动作。

比如，右图这个产品通过固定在腿部及腰部的感应器，探测肢体动作，将控制信号输送至电机系统，由电机系统驱动机械装置辅助大腿抬升，从而帮助老年人轻松迈步。

智能辅助行走装置

情感交流似亲人

随着经济的发展和社会文明水平的提高，老年人的情感交流需求得到了越来越多人的关注。

由于子女不在身边或定居国外，不少老年人成为空巢老人，平时在家缺乏与人交流的机会，情感上的需求难以得到满足。此外，老年人通常患有各种慢性基础疾病，需要日常服药，但因年纪大了记性也差，常常需要别人提醒。人工智能支持下的聊天服务机器人因此成为智慧养老的重要组成部分。除了能与老人进行简单的日常交流及提供天气、新闻、娱乐播报等资讯外，聊天服

探索 AI 新世界

务机器人还负责慢性病基础数据和日常用药情况监控管理，每天定时提醒老人用药，并根据历史配药、用药情况提醒他们及时配药，甚至可以和区域卫生系统相结合，提供健康咨询、远程医疗（视频问诊）、自动请求配药补货等服务，真正提升老年人居家养老的生活质量和幸福指数。

就上海而言，目前养老主要有三种形式：机构养老（各种养老院）、居家养老（老人日常在家生活）、社区日间照料（老人白天在社区服务中心，晚上回家睡觉）。智慧养老的目标是：利用物联网、互联网及人工智能等技术，将养老服务机构及管理机构、老年人、医护人员及老年人家属等不同部门和角色联系起来，实现信息交互，对老年人的身体状况、安全情况以及日常活动等进行有效的监控和反馈，及时满足老年人在生活、健康、安全及娱乐等方面的需求。目前看来，智慧养老是大势所趋，但实践过程中仍有不少亟待改进的地方。

首先，有些老年人对智能设备不熟悉、不了解，甚至有抵触情绪，担心网络辐射，觉得机器缺乏人性化关怀，认为部分传感检测设备"不好用"。比如，老年人说话常有延迟，语速慢，声音轻，普通话不标准，这对语音识别设备是一大挑战。其次，老年人除了基本的看护外，更希望得到心理、精神和情感上的关怀和慰藉，目前的聊天机器人和陪护机器人的智能化程度还比较低，难以及时感受老年人的情绪并作出相应的反馈。最后，老年人处理问题的能力较弱，智能设备一旦出现故障，老年人不知道该怎么处理，心理上反而徒增挫败感。

想一想

除了上文介绍的这些内容，仔细观察下面这张图，动动脑筋，看看哪些设施可以为家里的老人带来便利。

智慧养老居家设施展望（躬远科技 供图）

智慧物流

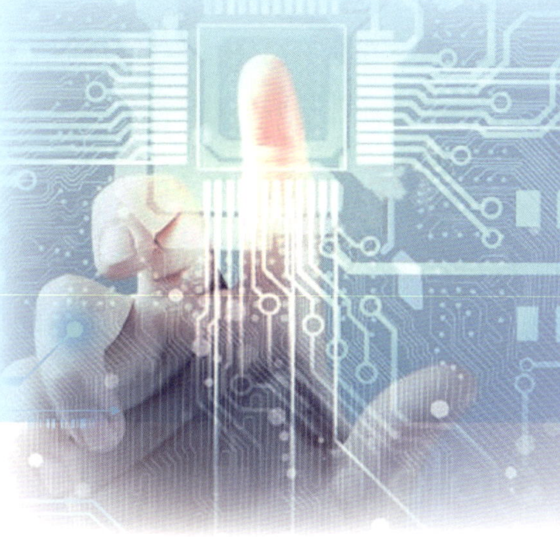

你将了解：

智慧包裹分拣

智慧药房系统

智慧物流运输

2019年11月11日当天，淘宝天猫物流订单量达到12.92亿件，这意味着有近13亿件包裹需要发送到顾客手里；2019年全年，仅拼多多平台就产生了超过197亿个订单包裹，较上一年的111亿个订单包裹同比增长77%；2019年全年，全国的快递包裹数量超过600亿个。目前，中国已成长为世界上发展最快、最具活力的新兴寄递市场，包裹快递量超过美国、日本、欧洲等发达经济体总和，而这些海量增长的快递包裹背后离不开日益发展的智慧物流的支持。

智慧物流指综合运用智能硬件、物联网、大数据及云计算等智慧化技术与手段，提高物流系统分析决策和智能执行的能力，提升整个物流系统的智能化、自动化水平。

火眼金睛知去向

智慧物流首先要确认每个包裹的"身份"，即从哪里来、到哪里去，这些信息都记录在电子面单上，扫描电子面单上的条形码及二维码，就可查询到这个包裹的具体信息。现在越来越多的物流公司在处理大件和高价值包裹时，选择用非接触式的RFID来代替扫码操作，从而又快又准确

探索 AI 新世界

地进行批量操作；而在处理小件物品及终端配送时，考虑到成本和方便程度，基本都选择使用二维码进行扫码识别。

确认了包裹的身份后，下一步就需要将包裹分拣、归入不同的物流路线。过去，物流公司分拨中心流水线需要大量分拣员，他们必须先查看包裹上的地址信息，再凭记忆和经验确定包裹下一站到达哪个网点，这个过程至少需要 3—5 秒。现在，智能路由分单系统在扫描电子面单获取信息后，通过地址识别判断下一站，实现包裹和网点的精确匹配，准确度超过 98%，分拣用时下降到每单 1—2 秒，分拣过程也完全通过机器实现。

目前，交叉带分拣系统和 AGV 分拣系统是近两年较为主流的自动化物流分拣设备。交叉带分拣系统，即利用直线动力驱动的小车队沿着环形轨道高速运动，将贴有标签的货物经由扫描器读码并分拣。大家还记得前面提到的智慧机场吗？我们托运的行李箱就是进入了交叉带分拣系统，扫描器通过扫描行李箱上的标签，就可以判断出应该送到哪个航班的飞机上。

AGV 分拣系统则由供件人员把需要分拣的货物放置到 AGV 小车上，小车经过条码扫描系统识别出包裹目的地，并由调度控制系统规划路径。小车行驶路径相对自由，无须预铺轨道。当小车到达目的地格口时，可自动卸载货物，实现货物分拣。由于 AGV 分拣自由度更大，路径算法可通过软件优化升级，因此目前使用 AGV 分拣系统的物流公司越来越多，比如京东物流、菜鸟裹裹等都先后使用了相关产品。

京东物流目前在北京通州有一个大型的智慧机器人仓库，仓库内的货物搬运及分拣都由机器

菜鸟仓库里的忙碌景象

人完成。右图是京东的地狼搬运 AGV 小车，看起来平平无奇，有点像扫地机器人，但它其实是一个不折不扣的"大力士"，可以托起整个货架，并在智能仓库系统的引导下自动规划路线，将货架送到指定位置。还有一种机器人负责自动分拣。只要将包裹的电子面单朝上放在机器人身上，它经过扫描器后就知道该把包裹送到哪个分拣管道，并自动规划送达路线。有了这些机器人，分拣仓库的效率大大提高，整体的物流速度也得到了提升。

地狼搬运 AGV 小车

据报道，快消服装连锁品牌优衣库在日本东京的一个仓库也启用了一套自动化系统，由机器人负责仓库内的服装检查和分拣工作，这是优衣库的第一个"机器人仓库"。优衣库表示，这套系统能取代 90% 的人力，并且可以 24 小时不间断运行。

只见药品不见人

智慧物流不仅可应用于民用快递包裹的分拣和投递，还可应用于多种生产环境。以目前一些医院部署的自动发药系统为例，每个发药机可储存 12000 盒药，8 秒钟便可调配一张处方，平均每小时可调配 450 张处方。过去，患者取药需排长队，后台药师负责调配处方，前台药师根据处方核对药物再发到病人手中，药师需要来回走动寻找并拿取药物，由于工作量大，难免出现患者等待时间较长的情况。如今使用自动发药机后，患者一完成缴费，发药机即可根据处方信息，自动分配发药窗口，流程合理，取药手续简化，发药准确率提高，发药速度提升，患者等待时间缩短，药师也因此可把更多精力用于临床用药指导。

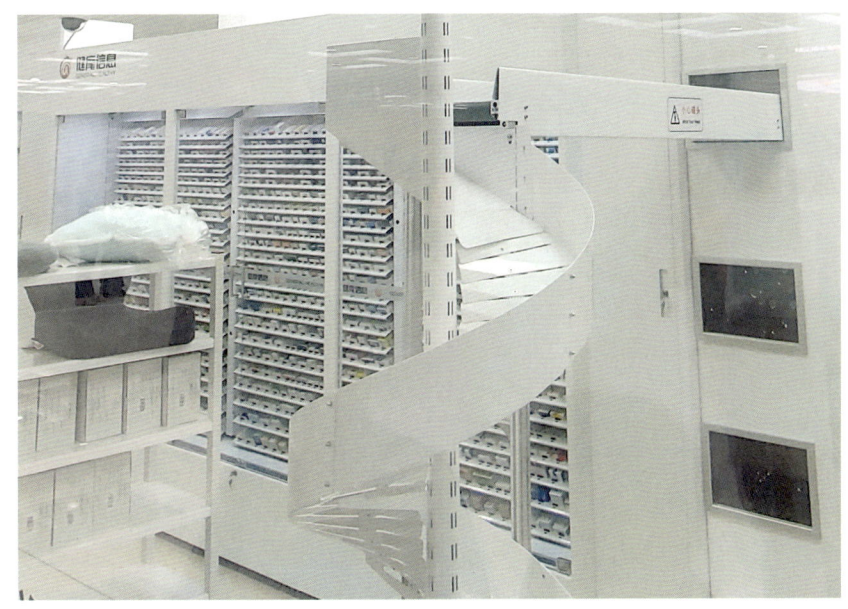

自动药房

探索 AI 新世界

无人驾驶不是梦

除了包裹和室内物品的自动分拣物流，在更为广阔的室外，自动驾驶和物流也正在飞速地发展。2020 年 6 月 27 日，很多人的微信朋友圈被这样一条新闻刷屏：滴滴官宣自动驾驶开始接单，用户可通过滴滴 APP 线上报名，在上海嘉定安亭镇全长 53.6 公里的测试道路上免费试乘体验。

这是上海智能网联汽车规模化载人的示范应用——在限定区域的限定路段进行自动驾驶试验，且车上仍需配备人类安全员，以便在遇到突发情况时可随时接管车辆。由此可见，我们目前还没有真正实现完全的无人驾驶载人运输。但你知道吗？在无人驾驶载货物流领域，无人驾驶的物流车辆已在试点厂区投入实际应用，在限定区域内以限定速度实现和社会车辆及行人的混合交通。

国内首条厂区无人驾驶物流线路建成

2019 年 11 月，驭势科技携手上汽通用五菱在宝骏基地部署运营的厂区无人物流项目正式开启常态化运营，并以宝骏新能源无人物流车作为运输载体，建成国内首条厂区无人驾驶物流线路，全面提升基地内部物流运力与效率。

启用至今，无人物流车行驶里程已超过 10000 公里，运输超过 6000 次，真正为客户工厂运营创造了"降本增效"的实际价值，无人化、智能化、网联化的物流模式已然形成。

特别在疫情防控期间，该线路已完全实现用无人驾驶替代人力驾驶承担运输任务。由于实际运营中无须配置驾驶员和安全员，无人物流车在减少作业接触的同时，也保障了物流的畅通循环。

驭势科技无人物流解决方案由具备 L4 级自动驾驶能力的无人物流车和一套功能强大的云端智能运营管理系统构成。无人物流车内搭载一款全功能智能驾驶控制器，可通过融合部署在车身周围的激光雷达、摄像头、超声波雷达等多类传感器的感知数据，结合无人驾驶核心算法，实现在多种复杂工厂场景下的无人驾驶。云端智能运营管理平台，则为厂区无人物流运营提供多车协同、调度、远程控制、数据分析等功能服务，大大提升了无人物流运营的管理效率与安全性。

（搜狐网，2020 年 3 月 5 日）

尽管无人驾驶已在全国多地进行了试点应用，但要想使无人驾驶在社会道路上基本取代人类驾驶员，我们还需要经历一个相当漫长的过程。这其中就包括迈过技术发展、工程应用、社会接

无人物流车正在车间之间运输刚下线的汽车白车身。白车身是汽车工业的一个术语,指刚刚焊接完成的车身骨架和外壳,因刚喷了防锈白色底漆而得名。(驭势科技 供图)

受和法规修改四个门槛,前两步主要涉及技术难题的攻克,后两步则需要在经济社会领域作出各种改变。目前产业界普遍预期至少需要花上十年左右的时间,才能实现整个产业的成熟和产品的普及,那种幻想实验室里的黑科技可以直接进入千家万户的"科技大跃进",并不符合科学技术发展的历史经验和现实。

2020年3月,工业和信息化部公布了《汽车驾驶自动化分级》(报批稿),参考国际通行的自动机工程学会(SAE)设定的自动驾驶六等级,将中国汽车驾驶的自动化等级也划分为六级。

在有驾驶员介入的汽车驾驶过程中,驾驶员需要完成确定目的地,选择到达目的地的具体路径,根据道路标识、信号灯和交警等条件驾驶车辆,及时观察并判断周边车辆和环境情况,以及适时使用灯光、喇叭、雨刮器等任务。而汽车驾驶的自动化等级划分,就是根据车辆能够完成这些任务的多少和水平来决定的。下面,我们通俗地介绍一下各级别车辆能完成的任务。

0级驾驶自动化(应急辅助)

人类驾驶员完全掌控车辆,在行驶过程中可以得到警告,比如倒车雷达、倒车影像、360度影像功能等车辆辅助报警功能。至于泊车功能,0级车辆只能提供前后撞车警告。

1级驾驶自动化(部分驾驶辅助)

人类负责驾驶,车辆能够提供转向或加减速中的一项操作辅助,比如某些品牌高端车型的自适应巡航、车道保持辅助、制动刹车等功能。1级车辆的自适应巡航一般只控制油门,刹车及方向盘由人类驾驶员控制。1级车辆的泊车辅助功能包括环视影像,可看车辆周边环境。

探索 AI 新世界

2 级驾驶自动化（组合驾驶辅助）

人类驾驶车辆，车辆能够提供辅助报警和多种辅助控制功能组合，比如同时具备全速自适应巡航、自动泊车、主动车道保持、自动变道、限速识别等功能，从而可以在有限条件下（比如封闭式高速）短时接替驾驶员进行自动驾驶，但是周边环境的监测等还是需要驾驶员负责。2 级车辆的自适应巡航可以同时控制油门及方向盘，刹车由驾驶员控制，泊车辅助功能也是如此。

3 级驾驶自动化（有条件自动驾驶）

车辆在特定的环境条件下实现带监管的无人驾驶，能够自己应对大部分情况，但人类驾驶员（安全员）仍要始终保持注意力，在出现紧急情况时需要随时接管车辆。滴滴出行提供的自动驾驶体验就属于 3 级车辆。3 级车辆可以同时控制油门、刹车和方向盘，完全自主控制泊车，人类驾驶员可以不介入。

4 级驾驶自动化（高度自动驾驶）

车辆可以在特定的环境条件下实现完全无人驾驶。这里的特定环境条件主要指固定园区、封闭半封闭高速公路等限定区域。4 级和 3 级最主要的区别在于紧急情况下是否需要人类干预，4 级车辆能够做到在紧急情况下自行解决问题，3 级车辆则仍需要人类安全员的介入帮助。驭势科技的无人物流车就属于 4 级车辆，不需要安全员，但必须在限定区域的限定速度下行驶。

5 级驾驶自动化（完全自动驾驶）

车辆可以在任何环境条件下实现完全无人驾驶。相当于车辆已经完全达到人类驾驶员的水平，在同等条件下人类也不可能做得更好。目前还没有车辆到达这个级别，大多数的无人驾驶车辆都在 2 级至 4 级之间。

 **想一想**

在智慧物流中，除了利用机器人搬运、分拣货物，在规划从发货点到收货点的物流路线时，还可能涉及第二部分的哪些知识点呢？规划物流路线时须考虑很多因素，你认为主要有哪几方面？

智慧农业

你将了解：

智慧农业数据服务

智慧无人农机具

智慧种植养殖

  提到农业，你会想到什么？"锄禾日当午，汗滴禾下土。谁知盘中餐，粒粒皆辛苦。"唐代诗人李绅的这首《悯农》道尽了封建社会农民的困苦和辛酸。靠天吃饭是传统农业生产发展的最大障碍，而现代农业将人力、畜力生产转变为机械化生产，同时引入化学农药和生物育种等科学技术，使农业生产效率大幅提升。那么智慧农业又将带来哪些变化呢？目前的探索主要集中在三大应用场景：智慧农业数据服务、智慧无人农机具及智慧种植养殖。

农业也有大数据

  智慧农业数据服务目前在国外已应用得越来越广泛。它是一个综合数据服务平台，通过采集农场的地理位置、土壤和气象气候等方面信息，结合待种植作物的特点和历史经验数据，为农民的农业生产提供从生产规划、种植前准备、种植期管理到农产品采收、仓储物流的全过程决策管理建议和支持。

  影响农作物生长的因素包括土壤、气候、水分、品种、病虫害和杂草等，农作物产量就是这些

探索 AI 新世界

因素作用的综合结果。因此，在现代农业领域，农民不能再仅凭自己的经验做出决策，而需要依靠科学、概率和专业分析得出优化决策。比如，要想知道某块土地上什么时候种植以及种植哪种作物最好，就需要对已知的作物特性、气象气候和光照强度的历史数据、土壤中水分和肥料的分布情况等进行综合分析，推算出预期结果后再做决定。

而各种数据的获得，往往离不开科学技术和方法指导。比如，要想获得土壤成分的数据，就需要在农场的每个地块上设定一个取样点，对土壤进行分析测试，因为土壤成分会随着种植活动不断变化，所以每隔一段时间就需要重新作一次分析和评估。又如，要想获得农场区域的气象气候数据，就需要将数据服务平台和气象数据软件接口对接，根据农场的地理位置坐标读取农场范围内的实时信息，包括温度、湿度、风力和雨水等。有了智慧农业数据服务提供的这些信息，农场主能够很好地预测和判断每个地块的播种、耕作和收获时间，并决定何时喷洒农药。

> 风力大小及方向会对无人机喷洒农药造成一定影响，隔天是否下雨也会对农药的喷洒效果产生影响。

目前国内的智慧农业数据服务属于起步阶段，还需要通过各地推广试点来积累数据及经验，目的是实现从农产品种植到加工销售的互联网化，帮助农民解决"种什么、怎么种、谁来种、怎么卖"等问题，为农业生产插上高科技的翅膀。

田头闲看机器忙

智慧无人农机具是在传统自动化农机具的基础上，通过加入人工智能支撑的控制软件，使农机具实现无人操作。目前已投入生产实践的包括无人机植保、无人机播种和农机自动驾驶等。

无人机植保是指使用农业无人机进行农林植物保护作业，目前国内最广泛的应用之一就是农药喷洒。植保无人机一小时能够喷近一百亩地，人工两小时才能完成的一亩地，无人机一分钟不到就能喷完。以棉田为例，实现机械采棉需要喷洒落叶剂，但采用人工方式的成本较高，拖拉机开进棉田又会因碾压导致棉花减产，这时就可以使用无人机喷洒，不仅节省了人力，降低了成本，还能做到实时、均匀、准确喷洒，最大限度地降低渗入地下水的农

农业无人机在稻田上喷洒肥料

药剂量,农药的使用量也能减少 40%—50%。

除了喷洒农药,无人机还能帮忙播种。无人机直播就是目前新兴的水稻播种技术,具有效果好、作业效率高、种植成本低等特点。在智慧播撒系统支持下的无人机采用全自主飞行作业模式,根据事先设置好的航线进行自动作业。一个人可以用手机同时控制多架无人机,每架无人机一次性可装入 20 斤种子,播种面积达到 5 亩,精度达到 10 厘米以内。无人机通过气流喷射实现播种目的,这样不仅能够更好地保护种子,播种的行距也非常精准。与传统技术相比,无人机播撒有三大优点:一是减少了育秧、插秧环节,把种子直接播撒在稻田上;二是播种费用更低;三是节省种子,用传统插秧法平均每亩地需用 7—10 斤种子,而用无人机播撒每亩地只需用 4 斤种子。

汽车自动驾驶是当今的一大热点,但你也许不知道最早的车辆自动驾驶系统就出现在农机上。自动驾驶农机上安装了卫星导航系统、自动驾驶系统、计算机设备和必要的传感器,可根据设定的轨道进行自动作业。

而有了人工智能软件的支持后,自动驾驶农机的作业质量将大大提高。比如,智慧自动播种机可根据土地的松软程度自动调节播种动作,使所有种子处于同样的深度,单粒播比率可提高至 99%。农民还能实时监控播种机的准确率,一旦出现大面积异常,可以马上停机,检查纠正播种机。以前,如果播种机出了毛病,农民很难立即发现,只能被动接受损失;现在,智慧农机可及时对异常情况进行报警定位,甚至会主动停止作业,及时帮农民挽回损失。

下页图是山东济宁无人驾驶自动收割机作业的实例。这种自动驾驶收割机集成了全球卫星定位、自动导航、电控液压自动转向、收割机割台自动控制、作业机具自动升降、油门开度自动调节

探索 AI 新世界

无人驾驶自动收割机

和紧急遥控熄火等多项自动化功能，可根据设定的轨道进行自动作业，行距误差不超过 4 厘米，工作效率和质量较以往的人工驾驶收割机具有明显的提升。

远程遥控种菜喂猪

智慧种植养殖是指在农产品生产养殖过程中通过传感器对各种数据进行量化采集，根据算法针对不同指标进行自动微调控制，实现精细化种植养殖。这里的传感器也就是将温室环境因子等非电物理量转化为控制系统能够识别的电信号的基础元件，应用于智慧种植的传感器主要有温湿度传感器、水分传感器、营养元素传感器、二氧化碳传感器、光照传感器等。

大棚浇水系统正在运行中

三、看 AI 七十二变

在智慧种植方面，以山东寿光智慧蔬菜大棚为例，经过改造的蔬菜大棚内安装了人工智能和物联网技术支持下的新型智能补光灯、滴灌机、喷雾器、放风机、水肥一体机等设施。智能补光灯，就是在缺乏光照（比如阴天、雨天，甚至晚上）的情况下，仿太阳光全光谱，增强远红外波长照射，促进植物生长。智能滴灌机则可以根据大棚土壤温湿度监测仪反馈的数据，在需要用水的时候自动滴灌。智能喷雾器能够在空气湿度降低到一定程度时自动打开喷雾，促进植物生长。智能放风机主要用于调节大棚内的二氧化碳浓度，方便植物进行光合作用。智能水肥一体机则集灌溉与施肥两项工作于一身，按土壤养分含量和作物所需肥料的规律和特点，将可溶性固体或液体肥料配兑成的肥液与灌溉水混合在一起，利用可控管道系统，通过管道和滴头形成滴灌，均匀、定时、定量地浸润作物根系的发育生长区域，使主要根系所在的土壤始终保持疏松和适宜的含水量。

在智慧养殖方面，以国内某养猪场为例，每头猪的耳朵上都植入了一枚小芯片，这枚小芯片就是它的身份证，记录了每头猪的生物数据。每天早上，管理员一打开电脑，就能了解猪群的情况，同时设定饲料补给。如果每头猪每天吃 2.8 千克饲料，其中一头猪某天只吃了 2 千克饲料，剩余 0.8 千克，那就说明这头猪的胃口出问题了，机台会自动为它喷墨，标记这头猪没吃完饲料，然后饲养员再去现场观察，进行针对性的治疗处理。通过这样精细化的管理，养殖场不仅能及时掌握每头猪的成长发育情况，提高养殖效率，还能为将来实现食品可追溯系统及全生命周期管理提供源头数据。

戴 RFID "耳钉" 的生猪

 想一想

本书最后安排了动手制作环节，即利用 Micro:bit 芯片中的传感器测试土壤的湿度。如果要制作一个家用花盆的自动滴灌系统，你会怎么做呢？

智慧生产

你将了解：

智能制造

智能工厂

柔性制造

如今,"中国制造"(Made in China)已成为全球众多商品的标签。海量商品的背后,昭示着中国制造正往中国智造转型。

尤其在2020年1月底暴发的新冠肺炎疫情中,中国制造跑出了加速度,中国智造则为此提供了强有力的支持。疫情发生以来,全国数千家企业的经营范围新增了"口罩、防护服、消毒液、测温仪、医疗器械"等业务,它们紧急审批资质,推迟原计划,改造生产线,积极奋战在抗"疫"大后方。众多企业在短短几天内就成功转产,生产了大量的防疫物资,为举国上下携手抗击疫情注入了一剂强心剂,这背后不仅体现了中国制造强大的生产能力、齐全的配套能力和高效的应变能力,也体现了中国制造为国担当的使命和情怀。

比亚迪口罩厂满负荷运转日产 500 万只

位于深圳龙岗区的比亚迪宝龙工业园，是一个拥有完备、先进智造生产线的现代化厂区，一天可生产 50 万台高端手机。但一个多月以前，这里却建起了一个日产 500 万只的口罩生产厂。

新冠肺炎疫情暴发以来，口罩成了最紧缺的防护物资之一，消毒液、防护服等也出现了全国多地短缺的局面。比亚迪 2 月 8 日宣布援产口罩、消毒凝胶，助力抗疫。

比亚迪已成为全球最大的口罩生产商（比亚迪 供图）

据了解，比亚迪口罩生产线以及在比亚迪汕尾工业园的消毒凝胶生产线均处于满负荷运转状态，日产能分别实现了 500 万只和 30 万瓶。其中，口罩日产量相当于之前全国产能的 1/4，这意味着，作为全球最大的新能源汽车公司之一，比亚迪又成了全球最大量产口罩工厂，防疫物资紧缺情况有望得到进一步缓解。

比亚迪口罩生产线由比亚迪自主研发、生产。一条口罩机的生产线，各种齿轮、链条、滚轴、滚轮大概需要 1300 个零部件，其中 90% 都是比亚迪的自制件。这项防疫物资援产任务，集结了比亚迪从新能源汽车、电池、电子、轨道交通等，几乎各个事业群的 3000 多位工程师，以及春节期间留守深圳的其他员工。他们用 3 天时间画出了 400 多张设备图纸，7 天时间完成了口罩机生产设备的研发制造，而在市面上，造一台口罩机，快则要 15 天，慢则要 30 天。

（中国新闻网，2020 年 3 月 12 日）

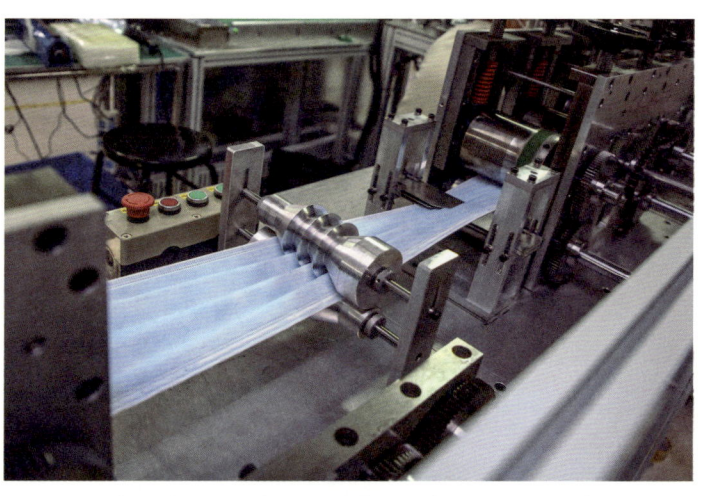

比亚迪自主研发的口罩生产线（比亚迪 供图）

探索 AI 新世界

比亚迪公司迅速改造生产线，"3 天出图纸，7 天出设备，10 天出产品"，这条新闻的背后就是智慧生产的力量。

智慧生产是指在设计、生产、仓储、物流、管理等与制造生产相关的全过程中，将先进的生产设备与智能信息技术进行深度融合，使整个生产变得更为智能和柔性，其主要内容包括智能产品、智能制造、智能工厂、柔性制造等。

从"制造"到"智造"

近 20 年来，随着产品设计和生产过程管理逐步转向数字化，单个产品所包含的设计信息和生产工艺信息数据量猛增；与此同时，随着生产和仓储自动化水平的提高，产品制造和管理过程的数据量也急剧上升。目前，先进的制造设备离开了信息的输入就无法运转，柔性制造系统一旦被切断信息来源就会立刻停止工作。整个生产制造体系正在由原先的能量驱动型转变为信息驱动型，这就要求制造系统不但要具备柔性，而且要表现出智能，否则将难以处理如此大且复杂的信息工作量。此外，瞬息万变的市场需求和竞争激烈的复杂环境，也要求制造系统表现出更高的灵活性、敏捷性和智能性。因此，作为智慧生产的核心，智能制造越来越受到重视，而配备大量机器人的智能工厂和人工智能技术支持下的柔性制造调度系统正是其基础。

智能工厂里的秘密

说到智能制造，很多人首先想到的就是通过大规模使用工业机器人（其中不少是机械臂形式）来代替工人生产，将工厂改造成智能工厂、熄灯工厂。目前国内工业机器人替代率最高的公司之

富士康投入使用的工业机器人，能够提质增效，解放人力（富士康 供图）

一就是富士康。作为全球最大的 3C 产品代工厂，富士康代工的产品包括手机、耳机、平板电脑等电子产品。而通过大量引入工业机器人，富士康对人力的依赖大大减少，生产调度也变得更为灵活高效。

据报道，自 2011 年提出"百万机器人计划"后，富士康一直在稳步地实现生产自动化。以下是富士康公布的历年财报数据：在 2013 年，公司全年营收约为 2500 亿元，全球员工总数超过 120 万人；而到 2017 年，公司全年营收增加到 3545 亿元，全球员工总数却不增反降，约为 98.8 万人。四年时间，公司营收增长了 1000 多亿元，而员工总数却减少了 20 多万人，这就是富士康"百万机器人计划"在四年里所取得的成绩。

富士康本身就有研发与生产工业机器人的能力，生产的机器人称为"Foxbot"，目前 Foxbot 年产能约为 1 万台。富士康的自动化生产主要分三步走：第一步，用机器人取代一些人类员工不愿意从事的危险性岗位；第二步，整条生产线实现自动化；第三步，整个工厂实现自动化，只留下少数员工负责监督与日常管理。目前，富士康在成都、深圳及郑州的部分工厂，都顺利实现了生产线自动化及工厂自动化。在整个工厂的自动化上，截至 2018 年底，富士康已成功改造了多家"熄灯工厂"。以深圳的"熄灯工厂"为例，单条生产线从 318 名工作人员减少到 38 名工作人员，减员接近 90%，生产效率却提升了 30%，库存周期降低 15%。2018 年，富士康完成改造的"熄灯工厂"共实现营收 47.66 亿元，其中产能提升 18%，人力耗用减少 84%，实现每百万营收制造费用降低 11%，管理费用降低 8%。从这些数据可以看出，自动化工厂不但可以提高产能，减少人员及管理成本，还能创造更多的收入，是未来的发展方向。

"随机应变"的柔性制造

在生产过程中引入工业机器人，为智能制造提供了硬件基础和可能性，支撑智能制造的软件基础则是柔性制造调度系统。柔性制造调度系统可根据生产计划灵活调度工业机器人和原材料，使生产线快速响应多样化的市场需求，涉及服装、纺织、家居、家电、锻造等领域。主要做法是设计出由多个不同工业机器人组成的生产线，使其既能同时加工多种不同的产品和零部件，又能通过车间物流系统实现生产线上不同工位所需零部件的自动配料，同时能通过智能生产规划和调度系统，实现工业控制系统、制造执行系统与企业资源计划系统之间的高效协同与集成。

以服装领域为例。从前，衣服都由裁缝手工定制，生产效率很低，劳动成本也较高。随着工业化的发展，越来越多的产品采用规格化生产，这样做的优点是生产线不必经常调整，生产速度快，缺点是不一定正好满足用户的需求。比如，学生校服通常分成 140cm、150cm 这样的尺码，但是大家穿着觉得合身吗？毕竟有些人胖，有些人瘦，仅以身高指标来划分，你会发现裤长合适的可能腰围不合适，腰围合适的可能裤子偏长。有了柔性制造调度系统，今后大家在定制时可以

探索 AI 新世界

直接提交自己的身材尺寸，相信收到的校服一定会更加贴身，穿起来也会更加舒适。虽然目前客户的需求还无法直接反馈给工厂，但等将来生产供应消费网络互通环节打通后，工厂可直接收到客户的定制需求，在安排生产计划时就输入相应的尺寸，从而得到个性化定制的产品，进一步满足消费者的需求。由于生产需求是网络传输生产系统接单后自动生成的，因此生产速度和效率并没有下降，对消费者来说，购买体验和消费意愿反而得到了提升。

据报道，海尔互联工厂已成功搭建中国独创、全球引领的工业互联网平台，实现了与终端用户需求的无缝对接，并通过开放平台整合全球资源，迅速响应用户的个性化需求，从而完成大规模定制。具体过程如下：首先，客户登录海尔定制平台，根据个人喜好确定产品的功能、材质、颜色等选项；接着，信息立即传至工厂生成订单，工厂智能制造系统自动排产，将信息传至生产线上；最后，自动生产线将客户定制的产品打包装箱，通过智慧物流快递至客户。

想一想

你参观过工厂吗？现代化工厂的很多生产步骤都是流水化作业，也就是一个步骤完成了，再进入下一个步骤。如果要把这些工厂都改造为智能工厂，你觉得需要增加哪些设备和控制系统？

工业富联旗下位于深圳龙华园区的"柔性装配作业智能工厂"在 2019 年入选达沃斯世界经济论坛（WEF）"制造业灯塔工厂"（富士康 供图）

机器人

你将了解：

消毒机器人

仿生机器人

外骨骼机器人

我们前文已经提到了不少机器人，比如智慧酒店中的送餐机器人、智慧物流中的 AGV 搬运机器人与分拣机器人、智慧生产中的工业机器人（也就是机械臂），以及自动规划部分中曾提到的扫地机器人等。下面，我们将进一步介绍消毒机器人、仿生机器人和外骨骼机器人。

消毒机器人助力抗疫

在此次对抗新冠肺炎疫情的过程中，很多新型机器人应运而生，消毒机器人就是其中的典型代表。消毒杀菌工作是阻断疫情发展的关键一环，因为普通护工不能进入病区，医护人员不仅要忙着救治患者，还要承担大量的消毒杀菌工作，尤其在以接收重症患者为主的雷神山等医院，病人更替频繁，消杀频次更高，所以医护人员的工作非常繁重。消毒机器人能够有效降低人员进入隔离区的活动频次和交叉感染风险，大大减轻消杀工作的强度。有些消毒机器人携带紫外线照射装置，可以 360 度无死角超高效能灭菌，杀菌消毒 99.99%，无残留污染；消毒速度也非常快，25 平方米的手术室仅需 10 分钟就能完成消毒，2 小时内能完成 200 平方米共计 17 间手术室的

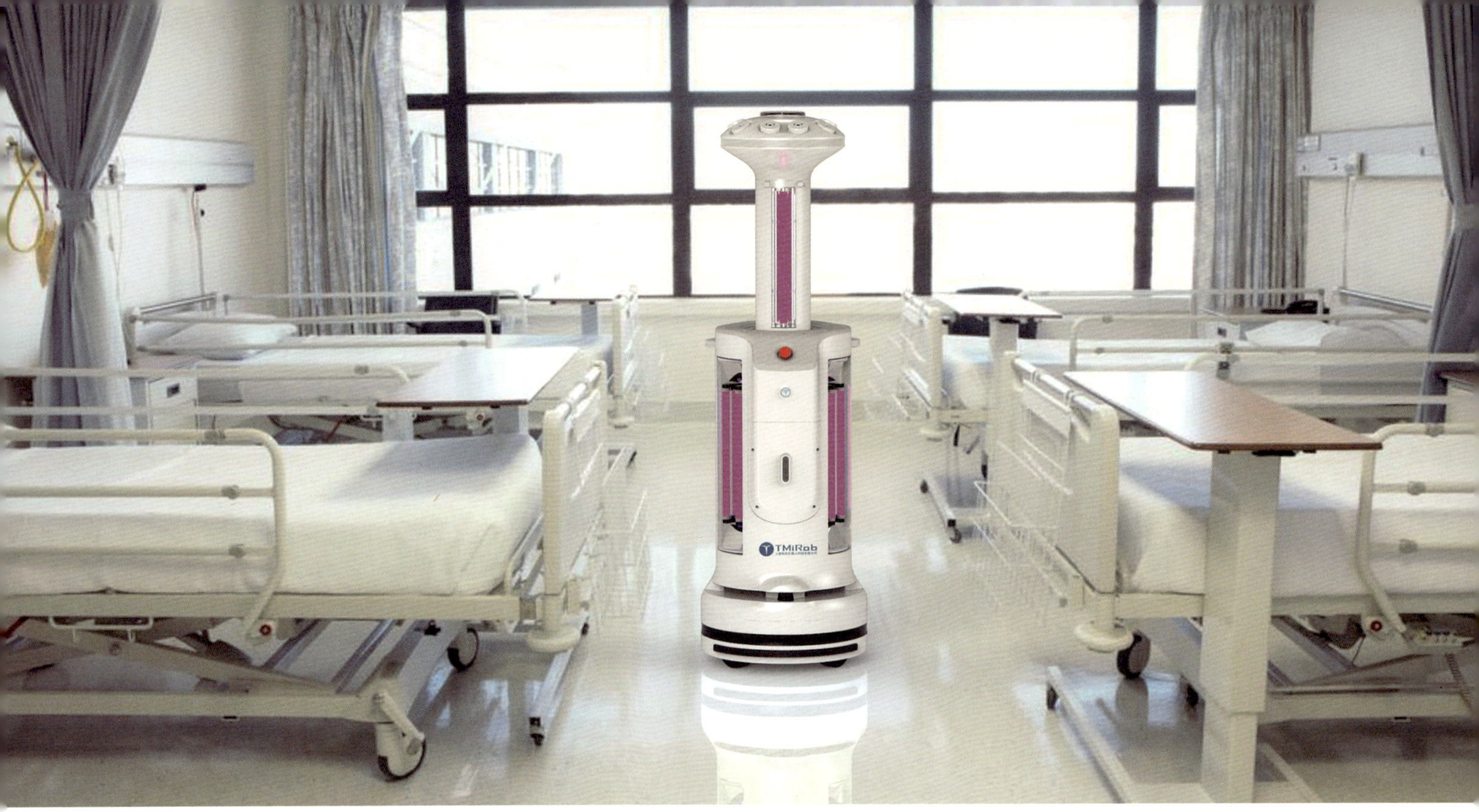

四川德阳市人民医院的智能消毒机器人（钛米机器人公司 供图）

快速消毒，自动充电 2.5 小时后，能够连续完成 9—10 间病房的消毒；同时具备安全防护智能，能够在人员开门时自动停止消毒，避免职业伤害。有些消毒机器人配备消毒液，利用超声波雾化消毒液后产生的飘浮在空气中的颗粒，对空气及部分物体表面进行消毒。与之前提到的 AGV 机器人和扫地机器人一样，这些消毒机器人也可以自动规划路线，对整个设定区域进行全覆盖作业，确保消毒无遗漏。

能跑会跳的仿生机器人

以上提到的机器人外形都不太像人，能够完成的任务往往也比较单一，那么现在有没有外形比较接近人或动物，可用于多种场景的机器人呢？这类机器人一般称作仿生机器人，是机器人领域中比较前沿的研究对象。目前世界上最著名的仿生机器人是波士顿动力公司的 Atlas 机器人和 Spot 机械狗。

Atlas 机器人是人形机器人，有四个液压驱动的肢体，由航空级铝和钛构成，身高约 1.8 米，重 150 千克，蓝光 LED 照明。此外，它配备了两个视觉系统——激光测距仪和摄像头，由一个内部电脑控制，双手则可以做出各种精细的动作。Atlas 机器人现在具有行走、奔跑、倒立、后空翻以及旋转跳跃等运动能力，并能保持稳定的平衡。

Spot 机械狗由内部电脑驱动，立体摄像头系统能够扫描地形，使其畅

Atlas 机器人

行无阻,避障系统(激光测距系统)则能使其在"看"到栏杆和台阶后,顺利地跨越障碍物。它有四条机械腿,每条腿的关节位置和接触地面的部位都有各种传感器;最高行走速度为1.6米/秒,相当于每小时可步行5公里以上,与人类的步行速度接近,随身携带的电池允许的持续运动时间为90分钟并可替换。Spot机械狗可以在崎岖不平的地面上走,轻松爬坡(35度以下)

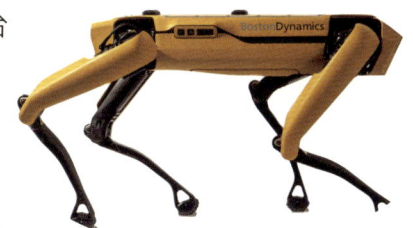

Spot 机械狗

及上下台阶,能够承受14千克的负重,工作温度为零下20摄氏度到45摄氏度,可以防雨防尘,还能够穿越结冰的地面,并且能在被侧踹之后自主恢复平衡。如今,Spot机械狗已逐步应用于现实生活中,新加坡政府于2020年5月起正式试点使用Spot机械狗在公园里巡逻,其主要工作是通过语音播放提醒人群保持社交距离,同时借助摄像头及后台软件评估公园里的人数。

目前国内也有与Spot类似的仿生机器人产品,比如浙江大学机器人团队推出的"绝影"等。据介绍,凭借仿生腿部设计以及更加强大的关节驱动能力,最新一代"绝影"可以轻松跃过约40厘米的障碍物,原地起跳高度70厘米,立定跳远距离可达1.5米。新"绝影"继承并提升了其前代良好的运动灵活性、环境适应性和感知智能性,可以后腿发力,前腿前扑,以重心上下起伏的姿态奔跑,并平稳地跑过布满大块砖石的路面。同时,新"绝影"可以凭借其优越的感知能力,顺利找到自己的"狗窝"——充电桩,趴上去为自己充电。

新一代"绝影"四足机器人亮相

近日,中国研究人员研发的最新一代"绝影"四足机器人视频通过网络发布,引发关注。视频中,一只通体黑色的机器狗一个腾跃钻过呼啦圈,原地起跳顶飞皮球,在布满大块砖石的路面上快速、流畅、稳定地大步奔跑。

新一代"绝影"身长85厘米,站立时高65厘米,体重约40千克,肢体线条更为自然流畅,运动时显得更为灵敏,交互体验更加友好。

新"绝影"是该系列的最新迭代版本,运动性能和感知能力得到了大幅度的提升,特别是四脚原地跳跃步态和远跳步态的实现,是四足机器人控制算法上的再次突破。

第四代四足机器人"绝影"
(浙江大学控制科学与工程学院 供图)

(新华网,2019年11月1日)

探索 AI 新世界

外骨骼机器人迎来新机遇

除了前文提到的这些自主工作的机器人,还有一类机器人被称为外骨骼机器人,它其实是一种可穿戴的盔甲,能够辅助人类开展工作。外骨骼的本义是指虾、蟹、昆虫等节肢动物体表坚韧的骨骼,如虾壳、蟹壳等,可保护和支持生物内部柔软的结构,自我修复能力强,比如蟹钳掉了还能长出来。

"外卖钢铁侠"现身街头

近日,一名外卖骑手身背三个外卖箱的视频引发热议。只见这个骑手身体微微前倾,全身被几个"机械外骨骼"一样的设备支撑着,走起路来就像一个机器人。有网友笑称:"外卖钢铁侠来了!"

原来,这名外卖骑手使用的是一套机械外骨骼设备,该设备经常在科幻作品和游戏中出现,如今却被应用到了外卖送餐领域。据介绍,这套下肢外骨骼机器人设备自重16千克,正常情况下可承载40—50千克左右的重量,行进速度在每秒0.7米左右。整个外骨骼由多个"关节"组成,涵盖背负系统、髋关节和膝关节动力总成部分,以及脚踝落地部分。运动控制器核心部件犹如人体的大脑,为整套设备发送指令,电池部分提供动力,髋关节和膝关节动力总成部分为大腿、膝盖提供动力,落地的脚踝部分集中了大量的力学传感器。这些传感器可以监测到外卖骑手走路重心、步态、足末端力学变化,并通过这些变化测算出人的运动姿态,再由电机根据这个运动姿态发出运动指令,完成助力过程。

和传统的工业机器人不一样,这套设备有一个"人机匹配"的过程,有些"关节"需要配合人体柔性运动。也就是说,"设备在穿戴后会有一个'学习'的过程,机器的多个传感器网络会根据人的运动意图做大数据融合,从而在外卖骑手行走时做出正确的助力"。

(《新闻晨报》,2020年4月23日)

这几个餐箱垒起来足有一人高,但骑手却称:腿部和腰部的重量都被分散了,只是背部有些负重,像背了一台笔记本电脑,并不吃力。(吴艺璇/摄)

三、看 AI 七十二变

外骨骼机器人通过拟人化的机械结构设计，融合传感、控制、信息、融合、移动计算等技术于一身，可帮助操作者背负重物，以及加速或辅助移动等。正因为有这两类主要用途，外骨骼机器人被分为增强型和康复型。前者一般用于军事及物流行业，后者更多地应用于医疗领域，目的是帮助患者进行肢体机能的康复，比如智慧医疗中提到的机械手臂、智慧养老中提到的辅助行走系统。

2019年10月，我国陆军装备部在北京举办了"超能勇士——2019"单兵外骨骼系统挑战赛，共吸引了国内从事相关研究的科研机构、院校、企业等近百支队伍参赛。有一种"传统"动力装甲类似电影《明日边缘》中的机械外骨骼，四肢都有辅助动力，融合了多个传感器，能够管理微型液压系统，帮助穿戴者负重更多的装备和补给，减轻行军疲惫感。但在目前的电池技术的条件下，要把这种四肢都有辅助动力的单兵外骨骼系统实战化不太现实。因此，我国选择研发下肢动力装甲而非全身动甲，这样就能节约用电量，保证更长的续航时间，同时有限解决士兵的机动力和负重能力这两个主要问题。

军用外骨骼机器人示例

电影《明日边缘》中主角穿戴的机械外骨骼

VR 与 AR

你将了解：

VR、AR 和 MR 的区别

VR/AR 设备

VR/AR 软件应用

> 通过将高精地图与 AR 技术相结合，整个世界将变成信息获取的面板、可以点击的标牌、随意涂鸦的画布、尽情游戏的乐园。

2020 年 4 月 8 日晚，华为举办了"2020 春季新品线上发布会"。除了多款重磅新品的亮相之外，发布会本身所采用的 VR 形式也令人耳目一新。身处各地的媒体记者们只需戴上 HUAWEI VR Glass，连接设备后就可获得身临其境的沉浸式体验。据悉，华为的这款 VR 眼镜支持 IMAX 巨幕体验、VR 手机投屏和各种 VR 游戏，功能相当强大。

在发布会上，华为还正式推出了基于 AR 技术的 AR 地图。据官方报道，该地图实现了每平方公里 40 亿三维信息点，支持实景导引、信息标牌和 AI 讲解，能做到 1：1 还原真实世界，从而构建一个虚实融合的新世界。

无论是为参会者提供的 HUAWEI VR Glass，还是全新推出的华为 AR 地图，都是华为布局 5G+VR/AR 产业中的一环。华为对布局 VR/AR 如此积极，也从某种程度上说明了该行业有

"复起"之势头。

什么是 VR、AR 和 MR

虚拟现实（Virtual Reality，简称 VR）是近年来出现的高新技术，它利用电脑模拟产生一个三维空间的虚拟世界，为使用者提供关于视觉、听觉、触觉等感官的模拟，让他们仿佛身临其境，可以及时且毫无限制地观察三维空间内的事物。

增强现实（Augmented Reality，简称 AR）通过电脑技术，将虚拟的信息应用到真实世界，使真实的环境和虚拟的物体实时叠加到同一画面或空间，同时存在。

混合现实（Mix Reality，简称 MR）包括增强现实和增强虚拟，指合并现实和虚拟世界后产生的新的可视化环境。混合现实是虚拟现实技术的进一步发展，通过在现实场景呈现虚拟场景信息，在现实世界、虚拟世界和用户之间搭起一个交互反馈的信息回路，以增强用户体验的真实感。

根据"智能硬件之父"多伦多大学史蒂夫·曼恩（Steve Mann）教授的理论，智能硬件最后都会从 AR 技术逐步向 MR 技术过渡。"MR 和 AR 的区别在于，MR 能通过一个摄像头让你看到裸眼都看不到的现实，而 AR 只管叠加虚拟环境，并不管现实本身。"

那么 VR 和 AR 有什么区别呢？简单地说，VR 看到的场景和人物全是假的，是把你的意识代入一个虚拟的世界；AR 看到的场景和人物一部分是真一部分是假，是把虚拟的信息带入现实世界。因为 VR 是纯虚拟场景，所以 VR 装备更多地用于用户与虚拟场景的互动交互，主要使用位置跟踪器、数据手套、动作捕捉系统、数据头盔等设备。比如目前火爆的任天堂 Switch 游戏机配备的健身环，就是通过两个控制器捕捉用户的动作，使其同时和屏幕上的虚拟运动背景及游戏里的人物形象互动。用户可通过数据手套对虚拟场景中的物体做出抓取、移动、旋转等动作，也可借助数据手套的触觉反馈功能，真实地感触到虚拟世界物体的移动和反应。

健身环游戏屏幕实例

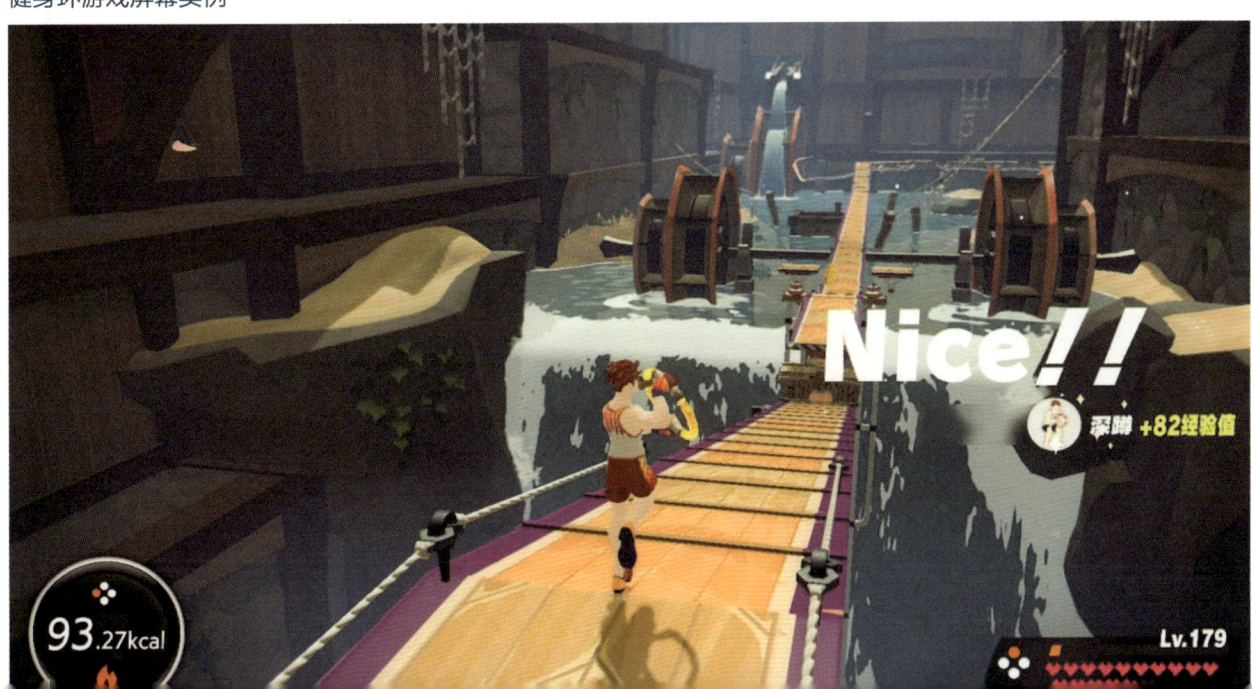

探索 AI 新世界

Pokemon Go
宠物 AR 互动

AR 则是现实场景和虚拟场景的结合，也就是在摄像头拍摄的画面的基础上，结合虚拟画面进行展示和互动。比如谷歌和任天堂合作的"Pokemon Go"游戏，在用手机捕捉口袋妖怪的时候，如果打开 AR 设置，你就能看到妖怪融入了现实中的背景（如左图所示）。这个游戏的 AR 效果虽然有现实的画面，但不够逼真，叠加比较简单，用户很容易就能分清哪些是现实，哪些是虚拟。

MR 就是在上述 AR 技术的基础上，实现与虚拟场景的互动，比如可以虚拟摸老虎之类，而不是只能在屏幕上看到老虎融入现实背景的形态。据报道，2018 年 7 月，西安市红会医院尝试在 MR 技术的引导下，为一名 15 岁患者成功实施了脊柱畸形矫形手术。通过 MR 眼镜，医生能清晰地看到该患者病变部位的 3D 全息模型影像（能够与真实病灶部位相互叠加），并能对虚拟影像进行缩放、旋转和移动，仿佛拥有了一双"透视眼"，手术的精准度和安全性得到了大幅提高。

VR、AR 和 MR 的背后都需要人工智能技术的支持，同时它们也是未来人工智能应用最有表现力的用户交互界面，将在更多维度缩短人与人交互的距离。回顾过去，当电话发明后，我们可以让声音突破物理空间限制，远距离地和另外一个人通话；当互联网发明后，我们可以让声音和视频突破物理空间限制，同时突破人数限制，远距离地和一群人通过视频会议进行交流；当 VR、AR 和 MR 技术发明和普及后，我们则将突破物理空间和虚拟空间的边界，同时在真实世界和虚拟世界中进行互动。

5G 推动 VR/AR 设备普及

除了前文提到的华为，国内不少其他厂家现在也推出了 VR 眼镜，比如爱奇艺和小米等，用户在观看针对 VR 的影片时会有身临其境之感。2016 年曾被称为 VR 元年，但如今四年过去了，VR 领域并未迎来蓬勃发展，而是更多地停留在商场里，如 VR 滑雪、赛车、风景游览和其他游戏，大多数人更愿意体验，而不是把它买回家。究其原因，VR 硬件存在体验不佳、内容少、价格贵、便携性差等诸多缺陷。此外，网络等基础设施不够成熟，无法为 VR 提供足以支撑其发展的网络环境。但随着 5G 技术逐渐商用，VR、AR 产业又有复兴之势。5G 技术能够提供更快、更稳定的网络连接，这对 VR、AR 设备间的互联以及设备和云端服务器之间的连接非常重要。比如，采用 5G 技术的 VR、AR 设备互联更快，时延更小，可降低佩戴设备时的眩晕感，而这种眩晕感往往来自真实场景和设备显示场景的不一致。又如，通过把更多的计算放到云端服务器，降

三、看 AI 七十二变

低本地计算的要求，设备就可以设计得更为轻薄。此外，新型渲染专用芯片的发展，也可以降低设备的制造成本，从而带来降价空间，有利于设备的普及和推广。

VR/AR 软件应用的新尝试

总体而言，受到 VR、AR 技术水平及设备普及率的限制，目前国内外表现较好的 VR、AR 软件应用还较少，商业化表现成功者更是寥寥无几。

故宫博物院官网于 2016 年推出 VR 游览，目前已推出养心殿、灵沼轩、倦勤斋这三处建筑的 VR 游览，你可以在手机上直接观看，不必戴 VR 眼镜，直接用手指触摸，模拟在现场按照参观路线游览的效果。故宫的其他一些文物也提供网上游览，可以放大细节，比现场观看还清晰。随着 VR 技术的发展，相信将来有一天我们足不出户就能轻松逛遍所有博物馆。

> VR 游览比现场参观更加直观，因为我们现场参观故宫时，这些建筑物都是不允许入内参观的，反而没法看得这么仔细。不过，由于并非完全实景拍摄，因此目前效果稍显粗糙。

故宫灵沼轩网上 VR 游览

探索 AI 新世界

敦煌莫高窟景点也推出了数字敦煌服务（如左图所示），你不仅可以在官网上 VR 浏览洞窟的内部细节，还能任意改变角度，放大或缩小，看起来也很清晰。如果使用支持 WEB-VR 协议的 VR 眼镜观看，洞窟的游览效果会更逼真。

除了教育和旅游行业，其他行业也开始尝试 VR 应用。比如，房地产中介服务公司在其 APP 应用里推出 VR 看房服务，通过现场拍摄、采集房屋室内的真实照片，结合房型图，让买家或希望租房的人足不出户就能看到候选房屋的实况，和现场看房的感觉相差无几。据《广州日报》2020 年 4 月 10 日的报道，为了更好地解决疫情期间司法拍卖竞拍用户实地看样不便的难题，深圳罗湖法院正式推出 VR 全景看样服务，将 VR 全景展示技术运用于不动产的司法网络拍卖挂拍展示，从而实现 360 度无死角线上看样，使身在家中或远在异地的用户一次看个够，清楚掌握拍品的详细信息。

2019 年，谷歌推出"家里有个动物园"动物 AR 预览。只要搜索动物名称，选择"3D 模式"，根据指示移动手机，就可以看到逼真的动物出现在你的身边，而且它们还能做出各种动作，可见 AR 技术有明显的提升。不过，目前仅有 25 种动物可进行 AR 预览，其中老虎的形态模仿得最为逼真。

敦煌莫高窟网上 VR 游览

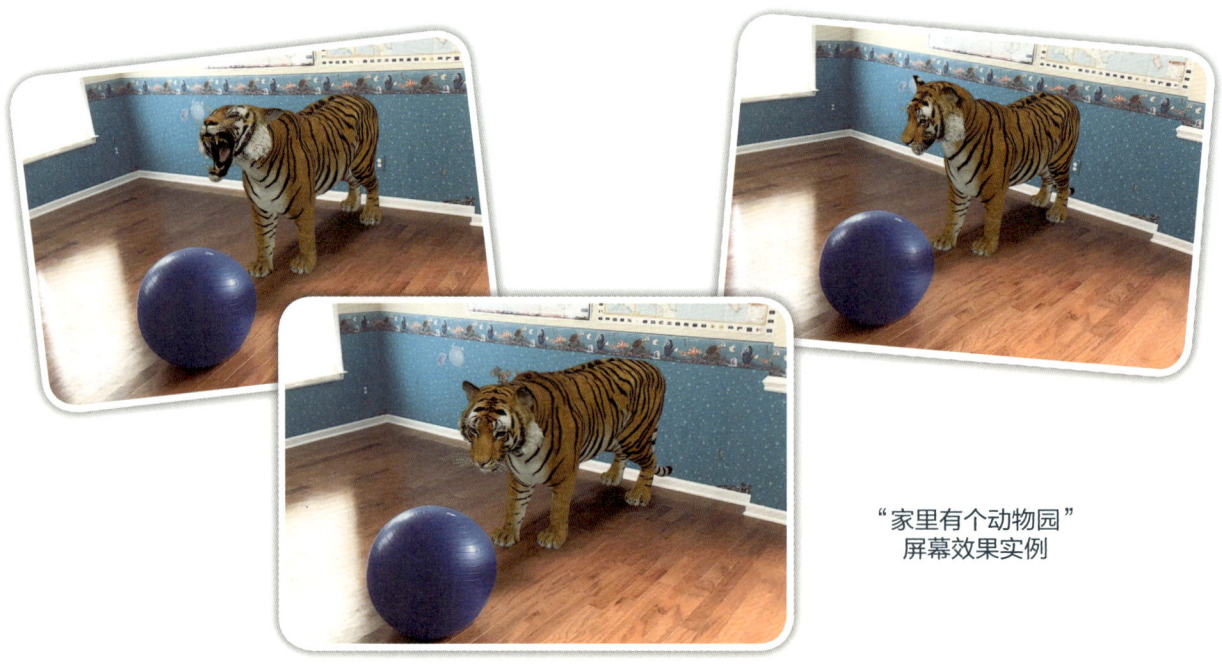

"家里有个动物园"屏幕效果实例

4 加速奔向未来

AI 教育红遍全球

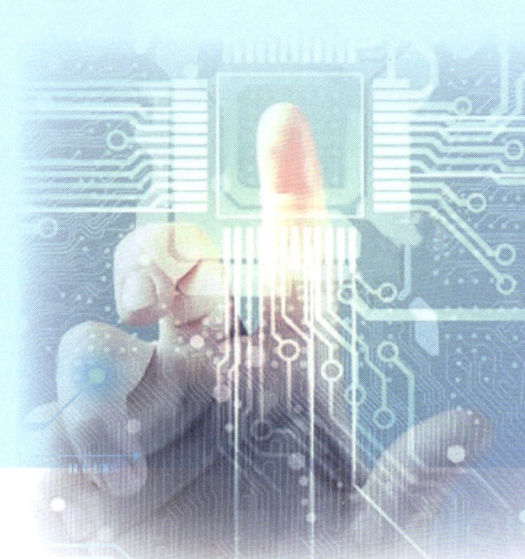

你将了解：

编程教育是人工智能的基础

编程教育和计算机使用的区别

在中小学开展编程教育的重要性

要想了解和掌握人工智能技术，就得熟悉和掌握编程思想、原理和方法。近年来，中、美、英等国都在大力推广青少年编程教育。

最早提出每个人都要学习编程的国家是美国。2013 年，当时的美国总统奥巴马号召全美学生学习编程，并发起"编程 1 小时"运动。2016 年，编程教育被纳入美国 K12 教育体系（中小学

少儿编程入门学习网站 Code.org

108

四、加速奔向未来

教育阶段）。目前，美国设有编程教育的中小学占比已超过44%。美国还开设了一个免费的编程教育网站Code.org，里面采用图形化编程语言的模式，带领学习者熟悉编程原理和程序结构，部分教程有中文版本，对编程感兴趣的读者可直接上这个网站学习。

2013年，英国也将编程纳入5—16岁中小学生的必修课程。本书最后介绍的Micro:bit就是由英国BBC公司与微软、三星、ARM、英国兰卡斯特大学、巴克莱银行等合作伙伴共同开发的嵌入式编程设备，它可支持Scratch、Python、JavaScript等语言。一块小小的电路板（只有交通卡的一半大小）竟然集重力传感器、磁力传感器、温度感测及蓝牙等多个模块于一体，特别适合学习者体验人工智能的应用。

早在1984年，邓小平同志就在上海提出"计算机普及要从娃娃抓起"，但当时主要聚焦于计算机的普及、应用与推广。2017年7月，国务院印发《新一代人工智能发展规划》，提出支持开展形式多样的人工智能科普活动，鼓励广大科技工作者投身人工智能的科普与推广，全面提高全社会对人工智能的整体认知和应用水平，同时实施全民智能教育项目，在中小学阶段设置人工智能相关课程，逐步推广编程教育。2017年9月，教育部印发《中小学综合实践活动课程指导纲要》，提出将编程活动融入实践课程。2018年1月，教育部公布高中新课标，编程及计算思维成为必修内容。2019年3月，教育部公布《2019年教育信息化和网络安全工作要点》，提出实施学生信息素养培育行动，完成义务教育阶段学生信息素养评价指标体系，建立评估模型，启动中小学生信息素养测评，同时推动在中小学阶段设置人工智能相关课程，逐步推广编程教育。

编程教育和计算机使用的区别在于，能按照教程使用计算机软件，并不代表理解其背后的原理。编程课可以让我们明白：程序是怎么工作的？怎样通过编写程序来解决问题？如果程序出了问题该怎么解决？掌握编程，相当于掌握了一种搭建的工具；就像可以用积木搭建出一整座城市，学会编程后，你可以自由探索，实现你想达成的目标，让程序帮你解计算题、绘制动画、编写音乐、处理图片、制作游戏等。从更广阔的视角来看，学习编程和人工智能知识，主要是为了提升青少年的计算思维能力，帮助他们更好地适应未来的社会和学习。

关于 AI 学习路线的建议

你将了解：

什么是编程

中小学生应该如何学习编程

怎样才算形成了编程思维

人工智能所涉及的知识覆盖方方面面，我们如何才能在实践中学会人工智能的应用方法？首先需要具有初步的编程知识。

什么是编程

编程的本质，是一套理解问题、解决问题的方法。学习编程时，需要先把一个复杂的大问题拆解成一个个可解决的小单元，然后一步步地解决整个问题。编程的语法结构主要有以下三种：

1. 顺序执行，就是按从上到下的顺序逐步执行。
2. 判断执行，根据条件来判断执行哪个语句。
3. 循环执行，根据条件反复执行循环体内部的语句。

四、加速奔向未来

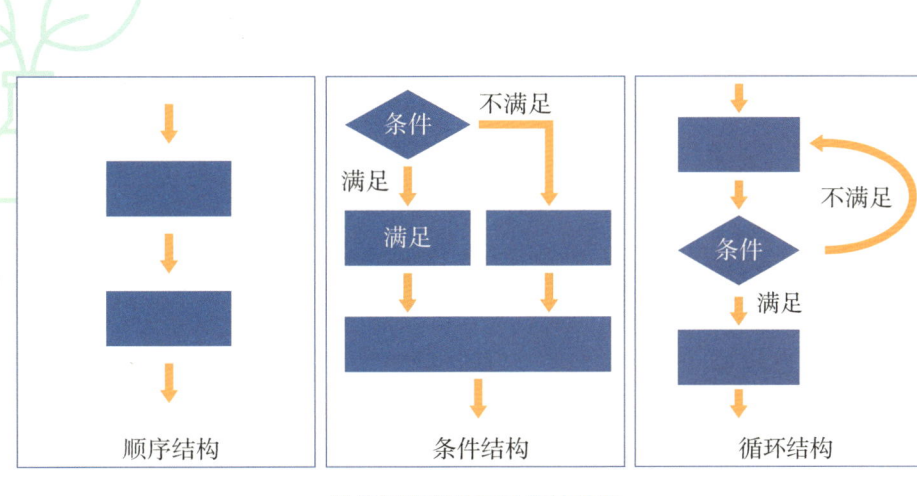

计算机编程的三种语法结构

编程学习入门

对于小学生，建议先从图形化编程语言 Scratch 入手。这种模块化语言操作比较简便，效果直观易懂，对低年级学生理解程序运行的概念大有帮助。了解 Scratch 的基本语法和应用后，还可以用它来开发乐高 EV3 及 Micro:bit 的编程，这些图形语句和 Scratch 可能略有不同，但原理和功能都差不多。也可以直接访问前文提到的网站 Code.org（它和 Scratch 用的图形语句类似），上面设有一系列经计算机专家精心安排、设计的免费编程课程，能够引导初学者逐步掌握编程方法和思想。

初中生则可以考虑直接学习相对抽象的编程语言，比如 Python。自 1991 年发布至今，Python 已经快 30 岁了，随着人工智能的不断升温，近年来 Python 也越来越受欢迎，这是为什么呢？主要原因包括：Python 语法简便、直观、易懂，更加贴近自然语言；Python 不需要编译步骤，可直接解释运行，而 C、C++ 及 Java 程序在运行之前都须先经过编译环节；Python 具有强大的 AI 支持库，可以直接引用执行这些第三方类库的算法，比如可以用来执行机器学习及深度学习算法的 NumPy 库、可以轻松绘制各种图表（条形图、散点图、饼图、堆叠图等）的 Matplotlib 绘图库、用于网络爬虫获取数据的 requests、scrapy、selenium 及 BeautifulSoup 库等。由此可见，语言简单易学，支持库丰富强大，是 Python 迅速发展的两大基石。

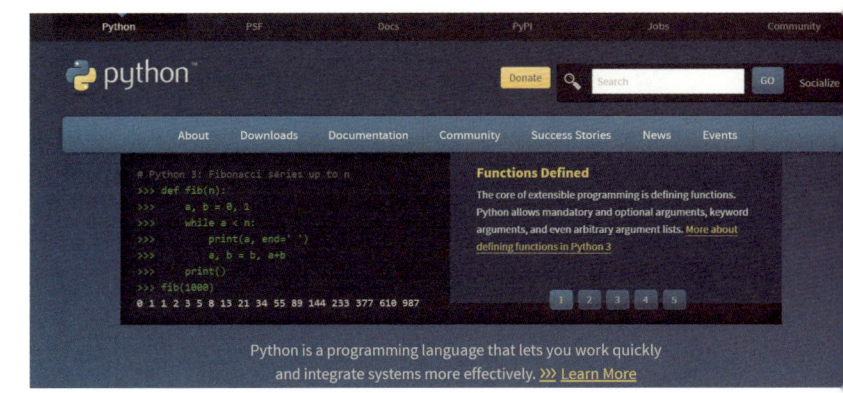

Python 是一种解释型通用高级编程语言，由荷兰程序员吉多·范·罗苏姆（Guido van Rossum）发明，第一版发布于 1991 年。

探索 AI 新世界

> "科技学堂"是面向全国科技辅导员和参加科技活动的青少年开设的在线学习平台。

"科技学堂"网站上有众多面向科技辅导员的免费课程，包括 Scratch、Python、Arduino 及 Micro:bit 等编程视频教程，这些免费资源都可用来学习。

什么是编程思维

俗话说："一法通，百法通。"熟练掌握了其中一门编程语言后，再学习其他新的编程语言也会容易得多。那么，怎样才算形成了编程思维，能够利用机器独立解决新的问题呢？学习者可对照以下几点来看：

能有条理地分析问题，表达自己的想法；能把一个复杂的问题分解成多个简单的问题，逐一解决；能做到"试错，反思，修改调整后再试"的循环过程，不断完善，把失败和错误转化为成长的机会；能认识到哪些事情不需要亲自做，可以描述清楚后交给其他人做；能识别出哪些工作更适合由机器代替人来完成，并找出有效的解决方案；能在不同的解决方案中权衡并找出最适合自己的那种；能理解日常应用软件和工具的基本原理，判断出它们能干什么、不能干什么。

从 Micro:bit 开始了解 AI

你将了解：

什么是 Micro:bit 开发板

Micro:bit 开发板的附属传感器

如何操作 Micro:bit

人工智能的众多应用领域都需要使用传感器。传感器是用来采集周边信息的一种仪器设备，常见的有温度传感器、光线传感器、湿度传感器等。如果想要感知运动的状态，我们可以借助陀螺仪和加速度计，这也是我们手机上的计步软件所依赖的两个基础传感设备。现在市面上有很多适合入门学习的硬件开发设备，其中软硬件环境结合得最完善、性价比也非常高的一种就是 Micro:bit 开发板。

什么是 Micro:bit 开发板

Micro:bit 开发板是一款由英国 BBC 电视台（英国广播电视公司）牵头，微软、三星、ARM 和英国兰卡斯特大学等共同参与开发完成的专门面向青少年编程教育的微型控制卡。Micro:bit 体型小巧，长 5 厘米，宽 4 厘米，大小相当于半张银行卡，分量只有 8.8 克，却承载着功能丰富的电子模块，包括 5×5 可编程 LED 矩阵、两个可编程按键、蓝牙、温度传感器、陀螺仪和加速度计等。

探索 AI 新世界

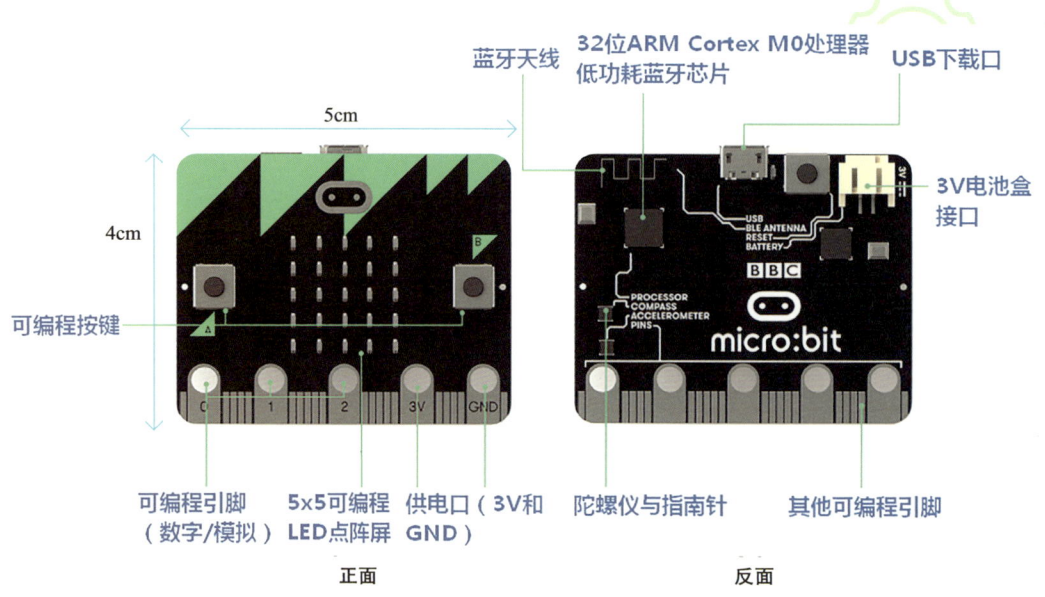

可编程 LED 矩阵

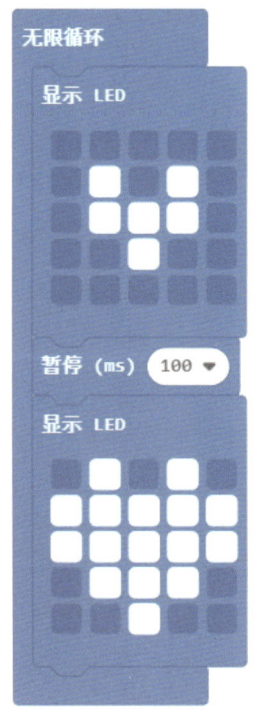

Micro:bit 有 25 颗（5×5）可独立编程的 LED 灯，可用于显示文本、数字及简单的图标（由于像素点太少，暂时不能显示中文字符串），比如可以编程显示一个小型的、跳动的心形。

（以下程序代码示意图与模拟运行效果来源于 Micro:bit 官网）

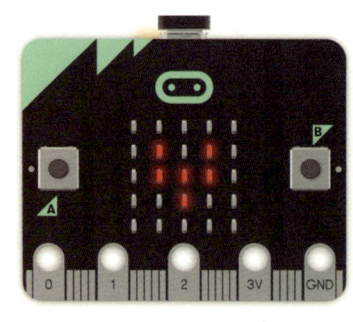 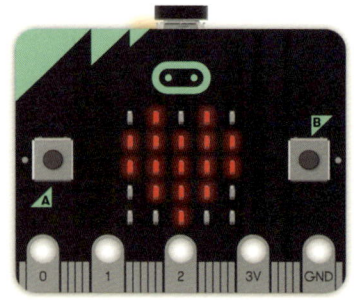

> 第一句显示较小的心形，第二句为暂停多少毫秒，第三句显示较大的心形。如此循环，心形看起来仿佛在跳动。

要想达到以上效果，只需三行简单的代码，每一个图形化语句就是一行代码。凡是学过类似 Scratch 语言的同学，都能轻松看懂上面最左边这张图中的代码所表示的意思：交替在 LED 矩阵上显示大小不同的两个心形，图案切换的等待时间为 100ms。

我们还能通过这 25 颗 LED 灯感应、显示周边光线强弱的变化。下面左边的这条语句可以显示亮度级别，当光线改变时，Micro:bit 显示的数值也会相应地变化。比如：当周边的光源被遮挡时，显示的亮度级别就会降低；当用手电筒照射 LED 矩阵时，显示的亮度级别就会增加。亮度级别用从右到左滚动的数字来显示。

下面右边的这两张图就是滚动显示数字"128"的过程，控制卡左上角的"128"显示的是程序在网页上模拟运行时系统默认设定的环境光线强度数值。

 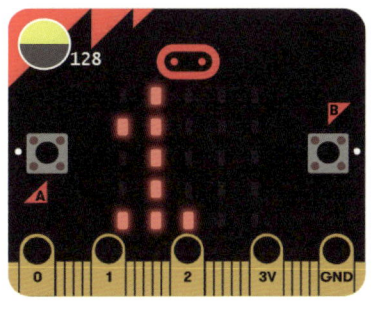 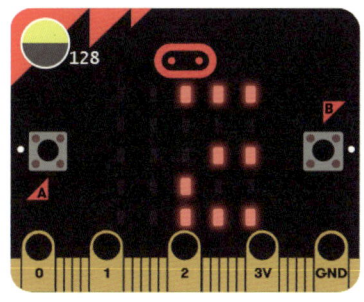

我们还可以通过绘制条形图来直观地显示光线强弱的变化。比如，光线弱的时候可能只显示一个点，光线强的时候则全部显示。（如下图所示）

 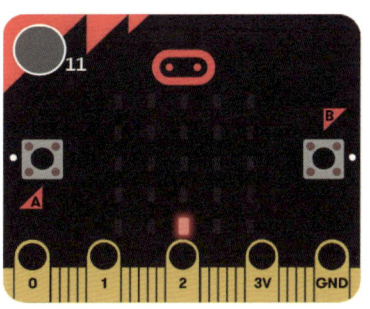 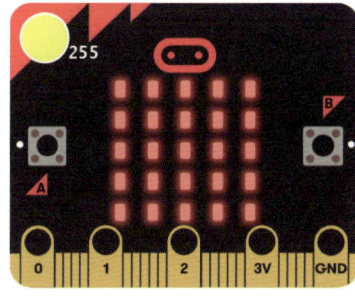

 想一想

光线感应器可以用于什么场景？你家有小夜灯吗？有些小夜灯白天不亮，直到晚上才会亮起，这是为什么？你想过它的原理吗？设想一下，如果要在教室里测试光线强度，你可以怎么做？测试结果可以用来解决什么问题？

> 提示一下：如果看书或写作业时光照度不够，可能会损害视力。

探索 AI 新世界

蓝牙、无线及温度感应模块

Micro:bit 上的蓝牙模块可发出蓝牙信号，和手机形成通信，用于为 Micro:bit 烧录程序或建立控制链接。除此之外，这一区域还包括无线模块和温度感应器，前者用于分组向其他 Micro:bit 控制卡发送并接收信息，后者可以测量控制卡周边环境的温度。

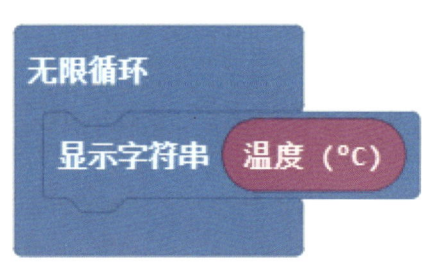 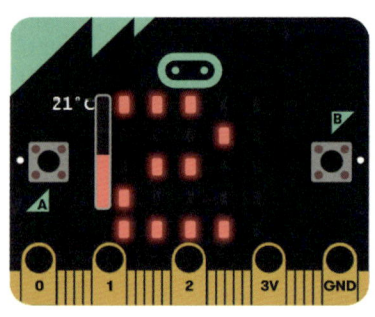

只需通过上面左边这条简单的语句，就可在 LED 矩阵滚动显示目前周边的温度，比如滚动显示数字"21"。

 想一想

如果要通过 Micro:bit 测量室温，并发送至自己的手机，你该怎么做？这需要同时用到温度感应模块和无线传输模块。现实中的物联网系统就是这样工作的，首先通过传感器采集数据，然后发送至服务器上的系统，使系统判断出不同位置的情况，比如温度、湿度（Micro:bit 控制卡不能采集湿度）等。系统收到这些数据后，再驱动其他控制程序来采取措施。

智能楼宇的智能空调系统，就是通过遍布的温度感应器，了解不同区域的温度，在人流量及其他因素导致温度发生变化的情况下，自动控制不同出风口的风量及温度等设定，从而自动调节整个大楼的温度，使其保持在恒定舒适的水平。

陀螺仪和加速度传感器

陀螺仪和加速度传感器是两种比较精密高端的电子模块，前者测量的是控制卡偏转及倾斜的角度，后者又称"G-Sensor"，用于测量x、y、z三个轴的加速度。

> 陀螺仪，也就是角速度传感器。

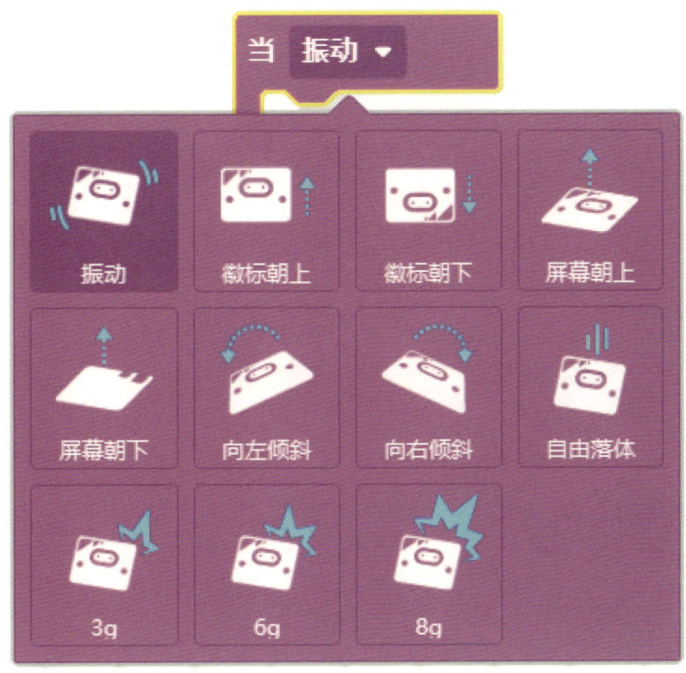

Micro:bit的陀螺仪和加速度测量仪可以判断11种情况：振动（也就是摇晃）、徽标朝上、徽标朝下、屏幕（LED矩阵）朝上、屏幕朝下、向左倾斜、向右倾斜、自由落体、3g（3倍加速度，大力甩动控制卡）、6g（6倍加速度，超级大力甩动控制卡）、8g（8倍加速度）。

> 8倍加速度时，注意控制力道，否则很可能会把控制卡摔坏！

探索 AI 新世界

> 地磁北极就是指南针指的方向。磁偏角就是地磁北极与地理北极之间的夹角。

```
无限循环
    显示字符串  指南针朝向（°）
```

也可以通过指南针朝向（Compass heading）获取控制卡朝向的角度，北、东、南、西方向分别对应 0°、90°、180°、270°。当控制卡的位置改变后，需要做一次校准，正确的校准方式是保持控制卡水平旋转一圈。须注意的是，附近若有金属物件，可能会影响读数和校准的准确性。而且，地磁北极和地理北极并不在同一点，存在磁偏角（magnetic declination）。上海的磁偏角是 -6°10'，北偏西。如果所在地区磁偏角较大，可在程序里设置磁偏角数值进行补正。大家可以查询一下自己所在地区的磁偏角，试着修改代码。

陀螺仪的妙用

大家注意过手机里的导航地图吗？当你设定导航开始的时候，地图上会出现一个箭头，提示你现在行进的方向。这个箭头是怎么获取方向的呢？就是通过手机里的陀螺仪芯片。它先判断出目前手机顶端的朝向，再和手机内已下载的地图相结合，从而判断出你行进的路线是否偏离方向。

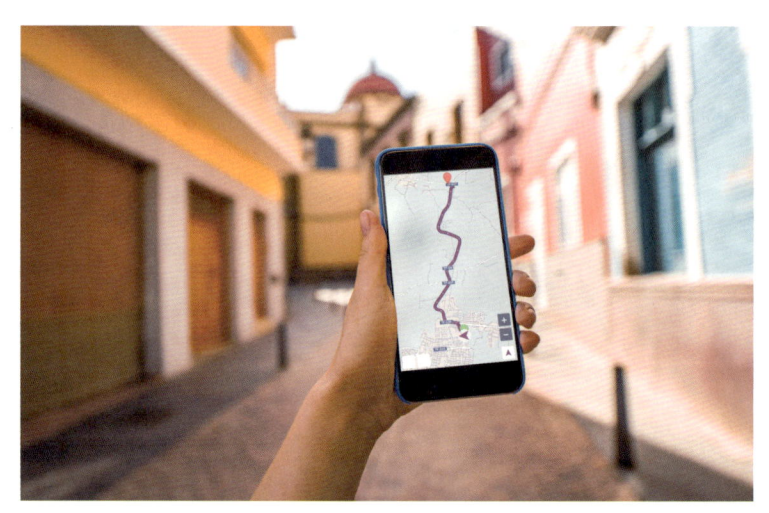

那么，手机里的步数又是怎么算出来的？通过陀螺仪，可以知晓用户的实际动作，也就是走路时的摆动幅度；通过加速度传感器，可以知晓用户在各个方向上的加速度，即走路的加速度。因为人走路的加速度在一个较小的范围之内，一般不大于 10m/s，所以一旦加速度大于这个值（可能骑自行车或坐在汽车上），程序就会自动过滤掉这些信息，然后通过一定的算法计算出步数。

四、加速奔向未来

测量土壤湿度

虽然 Micro:bit 没有湿度传感器,但我们仍然可以用它来测量土壤的湿度,这是如何做到的呢?让我们来看看下面这个实验。

材料

1 块 Micro:bit,带电池盒和电池

2 根长钉

2 个鳄鱼夹

设置

制作土壤湿度传感器,你需要进行以下操作:

1. 用鳄鱼夹将长钉连接到 Micro:bit 上 3V 的引脚,并将长钉插入土壤中。

2. 用同样的方法,将另一根长钉连接到 Micro:bit 上 P0 的引脚,并插入土壤中。

这个实验的原理是这样的:完全干燥的土壤的导电性是很弱的,但土壤里一般都含有一定量的水分,水分越多,土壤的导电性就越好。所以我们可以把土壤看成是一种可变电阻:湿度越大,电阻越小;湿度越小,电阻越大。根据物理中的欧姆定律,一个电路中的电压与电阻成反比,那么测量土壤湿度的问题就可以间接地转化为测量通过土壤电路的电压值的问题。

为了测量土壤的湿度,我们将用模拟读取引脚的方式来读取引脚 P0 处的电压。这个电压会

探索 AI 新世界

反馈一个 0（无电流）到 1023（最大电流）之间的值，可以用绘制条形图的功能将数值以条形图的形式显示在 Micro:bit 屏幕上。

我们先将长钉插入完全干燥的泥土，你可以看到 Micro:bit 上的大部分 LED 灯都熄灭了。按下按钮 A 并记录显示的数值，约为 250。这就是土壤在干燥情况下的数值。

再将长钉插入非常湿润的泥土，你可以看到 Micro:bit 上的大部分 LED 灯都点亮了。按下按钮 A 并记录显示的数值，约为 1000。这就是土壤在湿润情况下的数值。

有了两端的参考值，我们就可以通过比例推算的方法来判断土壤的相对湿度了。这个实验很简单，大家都来动手试一试吧！

想一想

既然知道了如何监测土壤湿度，我们不妨再设想一些其他功能吧！比如，可以考虑设计一个为花自动浇水的装置——当湿度值低于 500 时，就自动启动浇水装置，想一想这该怎么实现呢？右边是一张参考装置的图片。

提示：先测量土壤的湿度。

四、加速奔向未来

当湿度值低于 500 时，触发一个信号，驱动左边杯子上的电机工作，让吸管的顶端变成朝下的状态，把左边杯子里的水灌到右边的土壤中。当湿度值超过 1000 时，触发另一个信号，驱动左边杯子上的电机工作，让吸管的顶端恢复朝上的状态，停止浇水。

Micro:bit 还可以添加扩展板，增加更多的传感器，实现不同的功能，比如超声波传感器、声音传感器等。超声波传感器用于测距，如果前方有障碍物，它可以反馈传感器与障碍物之间的距离。假设使用 Micro:bit 驱动一辆小车前行，增加超声波传感器后，可提前预判前方是否有障碍物，并及时转弯。声音传感器则用于检测周围环境的音量。很多住宅楼安全通道的感应灯，都是通过声音控制的，只要拍一下手，感应灯就会亮起。将声音传感器、Micro:bit 和一个灯泡相连接，你也可以在家自制声控感应灯。

以上小实验都是利用模糊系统的知识，通过采集信号来控制的。当然，人工智能的应用远不止这些。当你掌握了编程知识后，不妨多留心观察日常生活，不断地动手实践，这样你就能尽情享受人工智能带来的乐趣啦！

2020 年世界人工智能大会

致谢

感谢褚君浩院士组织科普志愿者团队编写"科学起跑线"丛书，并为本书的写作大纲和语言风格指明了方向。感谢上海教育出版社编辑团队的认真工作和细心指导，特别感谢责任编辑周琛溢的耐心帮助和严格把关，经过一次又一次的修改和打磨，才让本书逐步走向成型。感谢姚期智院士提供个人照片，感谢本书第三部分涉及的部分厂商和公司（丽亭智能、比亚迪、富士康、东方航空公司、钛米机器人、驭势科技、躬远科技、浙江大学控制科学与工程学院）积极配合，免费提供高清示例照片，供读者们参考与欣赏。

在本书的编写过程中，编者还得到了亲朋好友和同学、同事们的热情帮助。他们集思广益，确定了本书的中英文书名，并四处联系厂家提供授权照片，在此深表谢意。其中，特别感谢中山大学计算机学院黄凯教授，复旦大学计算机学院周雅倩副教授、陈荣华老师，资深人工智能专家马国凯先生，驭势科技联合创始人、资深无人驾驶专家周鑫先生，资深网络安全专家李秋阳先生，以及华为云资深产品专家苏征远先生等对本书进行了认真的审阅，并提出了宝贵的修改意见，使最终成书更为严谨、准确。

作为一门新兴学科，人工智能包罗万象，技术变化日新月异。编者虽尽力保证本书内容的准确性和新颖性，但由于水平所限，书中难免存在错漏之处，恳请读者和同行不吝赐教。也希望本书的出版，能够激发更多读者对人工智能领域的兴趣，将来投身于人工智能的研究和应用。

编者

2020 年 7 月

丛书主编简介

褚君浩，半导体物理专家，中国科学院院士，中国科学院上海技术物理研究所研究员，华东师范大学教授，《红外与毫米波学报》主编。获得国家自然科学奖三次。2014年评为"十佳全国优秀科技工作者"，2017年获首届全国创新争先奖章。

本书作者简介

王晓萍，毕业于复旦大学计算机学院，高级工程师。从事政府信息化工作十余年，长期关注前沿科技动态及应用，积极参加科普推广等社会服务。

朱东来，复旦大学计算机学院副教授，长期从事企业信息化领域研究，致力于青少年计算机科普教育的普及与推广。

图书在版编目（CIP）数据

探索AI新世界 / 王晓萍, 朱东来编著. — 上海：上海教育出版社, 2020.7
（"科学起跑线"丛书 / 褚君浩主编）
ISBN 978-7-5720-0152-9

Ⅰ.①探… Ⅱ.①王… ②朱… Ⅲ.①人工智能-青少年读物
Ⅳ.①TP18-49

中国版本图书馆CIP数据核字(2020)第116680号

策 划 人　刘　芳　公雯雯　周琛溢
责任编辑　周琛溢
书籍设计　陆　弦

"科学起跑线"丛书
探索AI新世界
王晓萍　朱东来　编著

出版发行　上海教育出版社有限公司
官　　网　www.seph.com.cn
地　　址　上海市永福路123号
邮　　编　200031
印　　刷　上海雅昌艺术印刷有限公司
开　　本　889×1194　1/16　印张 8.25
字　　数　185千字
版　　次　2020年7月第1版
印　　次　2020年7月第1次印刷
书　　号　ISBN 978-7-5720-0152-9/G·0117
定　　价　58.00元

如发现质量问题，读者可向本社调换　电话：021-64377165